彩图3-1　绿枝嫁接

彩图4-1　葡萄园清耕

彩图4-2　园艺地布覆盖

彩图4-3　葡萄园自然生草

彩图5-1　篱架垂直叶幕

彩图5-2　篱架V形叶幕

彩图5-3　棚架倒L形树形

彩图5-4　棚架T形树形

彩图5-5　棚架H形树形

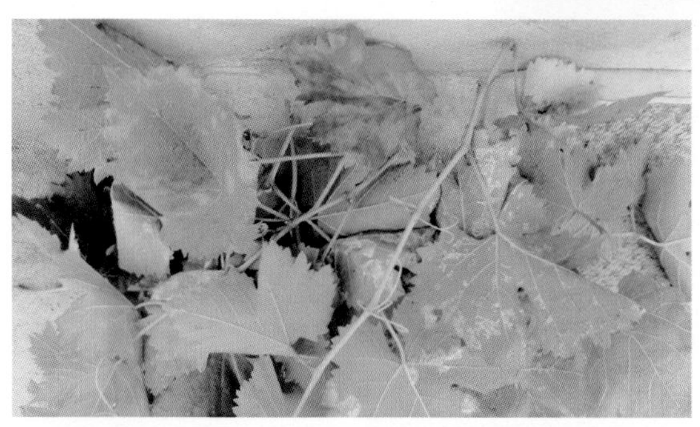

彩图7-1　葡萄霜霉病：叶片正反面

彩图7-2　葡萄白粉病：叶片

彩图7-3　葡萄白粉病：幼果

彩图7-4　葡萄炭疽病：果实

彩图7-5　葡萄白腐病：果实、叶片

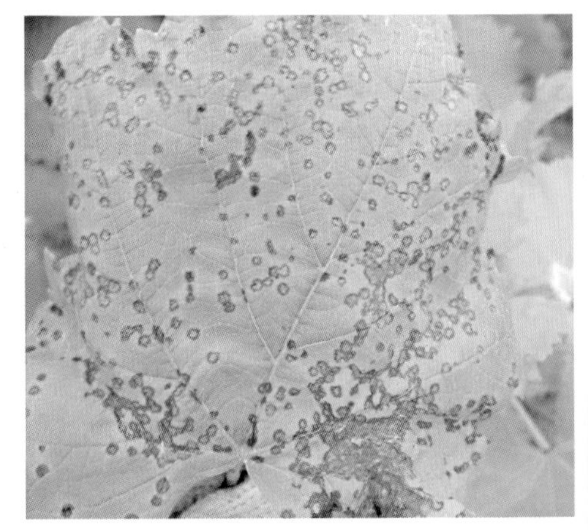

彩图7-6　葡萄黑痘病：叶片

彩图7-7　葡萄黑痘病：果实

彩图7-8　葡萄酸腐病：果实

彩图7-9　葡萄灰霉病：果实

彩图7-10　葡萄溃疡病：果实

彩图7-11　葡萄根癌病

彩图7-12　葡萄卷叶病毒

彩图7-13　绿盲蝽危害幼叶

彩图7-14　绿盲蝽危害幼果

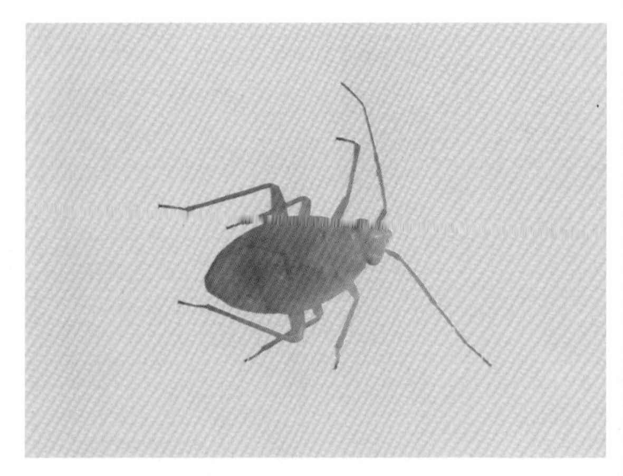

彩图7-15　绿盲蝽

彩图7-16　葡萄短须螨危害叶片

彩图7-17　根瘤蚜危害新根状

彩图7-18　根瘤蚜危害粗根状

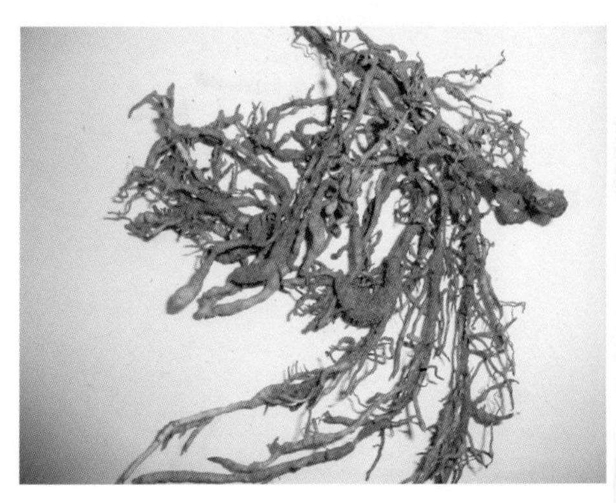

彩图7-19　根内寄生的梨形雌性根结线虫及形成根结

果树新品种及配套技术丛书

PUTAO XINPINZHONG
JI PEITAO JISHU

新品种及配套技术

杜远鹏　翟建军　高　振　主编

中国农业出版社
北　京

内容提要

本书由山东农业大学专家编著。内容包括：葡萄优新品种介绍、葡萄园建园与种植、葡萄园土肥水管理、整形修剪、花果管理、主要病虫害防治、鲜食葡萄采收与贮运保鲜等，简要阐述技术原理、作用与注意事项，重点说明技术方法。内容丰富，技术先进，通俗易懂，便于操作，供葡萄栽培者生产参考。

主　编： 杜远鹏　翟建军　高　振
副主编： 梁　婷　翟　衡　张志昌　蒋恩顺
编著者： 杜远鹏　翟建军　蒋恩顺　高　振
梁　婷　翟　衡　张志昌　姚玉新
李　勃　管雪强

目 录
CONTENTS

第一章 概 述

一、我国鲜食葡萄生产现状

我国是世界上最大的鲜食葡萄生产国，鲜食葡萄占葡萄总产量的80%以上。产品主要供应国内市场，出口比例较低。进口鲜食葡萄所占比例在2%～3%。据统计资料显示，2018年我国葡萄栽培总面积为72.51万hm^2，居世界第2位，葡萄产量达1 366.68万t，居世界第1位。葡萄为我国四大水果之一，产量仅次于柑橘、苹果和梨。

纵观我国葡萄生产发展历程，1991年后葡萄种植面积快速增长，1997—2003年为快速增长阶段，栽培面积从15.82万hm^2迅速扩展到了42.1万hm^2。2003—2007年为稳步发展阶段，2007—2016年又是一个较快增长阶段，栽培面积从43.85万hm^2增长到80.97万hm^2。最近几年有所回落，进入调整稳定期。

随着设施栽培，特别是避雨栽培的大规模推广，鲜食葡萄栽培区域遍布全国，成为栽培范围最广的大宗落叶果树。近年来鲜食葡萄栽培区域呈南下及向优势生态区集中的趋势，逐渐向西南各省份（如云南、四川等）扩展。

二、我国鲜食葡萄品种结构及变化

（一）我国主栽鲜食葡萄品种结构

长期以来，我国葡萄的主栽品种一直为巨峰、红地球、玫瑰香、无核白等，栽培面积达75%左右。市场供给也以巨峰、红地球、玫瑰香等主栽品种为主。

巨峰是河北、山东、山西、甘肃、陕西、上海、安徽、浙江、江苏、广西、福建、四川、吉林、辽宁等省份栽培面积最大的鲜食葡萄品种，是北京、天津、湖北、甘肃、陕西、湖南等地位列前2名的主栽品种。在其他省份也均有一定栽培，但近年来栽培面积的占比有下降趋势。

红地球是云南、北京栽培面积最大的葡萄品种，分别占其栽培面积的40%左右，是陕西、甘肃、山西、河北、天津、湖北、福建、四川、浙江、黑龙江等省份位列前几名的主栽品种。近年来红地球的栽培面积也有逐年下降的趋势。

玫瑰香是天津栽培面积最大的葡萄品种，占其总栽培面积的49.4%，山东玫瑰香栽培面积约4 333hm^2。克瑞森栽培主要集中在新疆和西昌、冕宁、德昌安宁河流域一带，栽培面积约7 333 hm^2，云南和陕西也栽培了一定量的克瑞森。巨玫瑰、醉金香在河北、上海、福建、陕西、安徽、浙江、江苏等地有较大栽培面积。藤稔是湖北省栽培面积最大的葡萄品种，在其他省份有零星栽培。无核白在新疆、甘肃是栽培面积最大的葡萄品种，除了制干，也用于鲜食和酿酒。户太8号在陕西、河南、山西栽培面积较大。地方品种牛奶、龙眼在张家口仍有大面积栽培。地方品种刺葡萄的栽培主要集中于福安市、怀化市，鲜食加工兼用，面积及产量稳定。

（二）优质葡萄新品种发展迅速

自2000年以来，随着我国育种事业的不断进步和从国外引种速度的加快，葡萄新品种栽培面积不断增加，使我国鲜食葡萄品种结构逐步得到优化，品种多样性也更加丰富。优质、红色、有香味、无核越来越受到消费者的欢迎。目前鲜食葡萄品种正向多样化、区域化方向发展，品种结构也逐渐趋于合理，如阳光玫瑰、早黑宝、蜜光、宝光、金手指等及无核品种夏黑、火焰无核、寒香蜜、克瑞森等栽培面积和所占比重进一步增加，尤其是阳光玫瑰面积呈快速增加趋势。阳光玫瑰在江苏、云南、四川、湖北、浙江、河南发展速度很快，2018 年云南阳光玫瑰发展面积达到2 300hm^{2}以上，江苏种植面积约 4 000hm^2。2012—2017年，夏黑在我国栽培面积迅速扩大，是江苏、湖北、四川、广西、安徽、浙江等地的主栽品种之一，在上海、福建、河南等地也有大量栽培。云南夏黑栽培面积约占 40%，近两年栽培面积有逐年下降的趋势，逐步被阳光玫瑰更替。

三、我国鲜食葡萄栽培及经营模式

（一）栽培模式多样化

相关调查结果显示，我国普通消费者对葡萄的年均消费量不超过 15kg，消费数量继续增长的空间不大。但随着人们生活水平的提高，消费者对优质鲜食葡萄的需求日益增加，对鲜食葡萄的要求逐步向“新鲜、好吃、安全”转变，葡萄产业发展正从总量增长型向质量效益型转变。鲜食葡萄优质优价的现象尤为明显，南方产区葡萄的价格普遍较高，成为驱动南方鲜食葡萄栽培面积增加的动力因素。由此，也推动了鲜食葡萄栽培模式多样化的趋势。栽培方式已从传统的露地栽培模式发展到现代高效栽培模式，如设施促成栽培、设施延迟栽培、避雨栽培等多种模式。其中，避雨栽培发展迅速，主要集中在夏季多雨的南方葡萄产区，广西和云南部分地区在避雨栽培条件下实现了一年两收。促成栽培主要集中分布在环渤海湾葡萄产区及东北地区，延迟栽培主要分布在西北干旱产区。通过设施栽培基本实现了鲜食葡萄周年供应。

不同栽培模式下的架式也发生了变化，近年来葡萄栽培架式正向简约省力化、标准化发展，标准化树形叶幕形得到进一步应用，如露地种植采用“厂”字形、T 形，设施大棚种植采用 T 形、H 形或“厂”字形。果农种植理念不断提升，葡萄生产由产量效益型逐渐向质量效益型转变，一些标准化的生产技术，如疏花整穗、控产提质等被更多种植户接受，果品商品率和优质果率进一步提高。

（二）生产经营主体或模式多样化

随着中国农业产业化、现代化进程的不断推进以及城镇化程度的不断加强，葡萄生产经营主体不再是一家一户零散种植，土地经营逐步向规模化迈进，加之人们对于生活品质和精神享受的需求不断加大，促进了综合园区、观光采摘园、家庭农场、农业生产合作社、公司企业等多类型的经营主体及经营方式出现，并带动了电商的发展，促进了农村二、三产业的发展。产品营销方式由过去单一的批发零售向休闲采摘、网络销售、市场批发零售等多渠道销售发展。农业生产合作社的经营方式有利于推进葡萄生产加工销售各环节的专业化、组织化及标准化，逐步实现产业成员在品种布局、苗木供应、农资供应、统防统治、生产管理、品牌营销、产品销售、农业融资、信息分享等方面的统一，提高了抵御市场风险的能力。

四、鲜食葡萄发展趋势

随着现代生活水平的提高，消费者对鲜食葡萄的需求标准日益提高，果品优质、安全已经成为基本标准。优质的标准不仅包括外观上果穗整齐、颜色鲜艳、新鲜，还包括内在品质要求甜酸适口、有香气、无核、营养价值高等。在追求物质享受的同时，消费者还希望能深入葡萄园体验亲自动手采摘的精神享受，因此观光葡萄园已经成为葡萄产业发展的一个方向。栽培技术上逐步进入更新换代时期，更加注重建园标准；适度规模化种植，栽培模式呈现多样化，架式、树形逐步实现标准化，花果管理逐步数字化；种植密度趋向于宽行、大行头，以便机械化管理；作业管理趋向轻简化、机械化；化肥使用量逐渐降低，并以有机肥替代部分化肥；节约用水的水肥一体化系统成为现代建园标配；土壤管理方面更加注重生态和谐，土壤生草及覆盖技术继续大面积推广应用；病虫害防治趋向综合防治和生物防治技术，使用高效、低毒、低残留农药，配合高效病虫害防治机械，实现环境保护、生态安全的可持续发展。随着农业生物技术、信息技术、工程技术、控制技术等高新技术的发展，我国的葡萄生产朝着全程机械化、农机农艺有机融合、自动化和智能化方向发展。

第二章　葡萄优新品种

一、国内自育葡萄品种

（一）有核鲜食品种

1. 香妃

品种来源：早熟欧亚种品种，北京市农林科学院林业果树研究所1982年以玫瑰香和莎芭珍珠的后代为母本、绯红为父本杂交育成，2001年审定。

果实特征：果实接近圆形，果实成熟后呈绿黄色，果肉硬，有浓郁的玫瑰香味，可溶性固形物含量15%，可溶性糖含量14%，可滴定酸含量0.6%，果穗中等大小，平均重322g，果粒较大，平均粒重为7.6g。

栽培学特征：在北京地区4月中旬开始萌芽，5月下旬开花，7月中旬果实开始成熟，8月上旬果实完全成熟。树势中等，萌芽率较高，成花力强，花序多着生于结果枝的第3～7节。副芽和副梢结实力均较强，坐果率高，无落花落果现象。早果性强，定植第2年超过85%的植株开始结果，丰产，对褐腐病和霜霉病有很好的抗性。适合设施栽培和露地栽培，适栽区为干旱半干旱地区。在部分多雨地区有轻微裂果现象，需要避雨及适时采收。

栽培要点：该品种生长势中等偏旺，节间短，棚篱栽培均可，更适合棚架栽培，结果母枝宜中短梢结合修剪，1个新梢留1穗果，每穗果留60粒左右。应疏花疏果，防止负载量过大，出现树势弱或大小粒现象。每667m^{2}目标产量控制在1 000kg左右为精品果。多雨地区的葡萄成熟期，前期注意保持土壤湿度均衡，采用水肥一体化技术可防止裂果。坐果20d内果穗套袋，套白色纸袋可带袋采收；套蓝、绿色袋，采收前3～5d摘袋或打开袋底，增加金黄色。注意防治炭疽病。

2. 瑞都香玉

品种来源：早中熟欧亚品种，北京市农林科学院林业果树研究所以京秀×香妃杂交育成。

果实特征：果穗为长圆锥形，平均单穗重400g。果粒着生中等，果粒椭圆形或卵圆形，平均单粒重6.5g，最大单粒重8g。果皮黄绿色，果皮薄或中等厚，稍有涩味，果粉薄。果肉质地较脆，硬度中等或硬，有中等玫瑰香味。果刷抗拉力中等。可溶性固形物含量16.2%，较耐贮运。

栽培学特征：树势中庸或稍旺，丰产性强，副芽、副梢结实力中等，抗病性较强。北京地区4月中旬萌芽，5月下旬开花，8月中旬果实成熟。果实生长期为120d左右。适宜在我国华北、西北和东北地区栽培。

栽培要点：注意控制产量，合理密植。棚架栽培宜短梢修剪，篱架栽培宜中短梢修剪。适当进行疏花疏果和果实套袋。在花前至初花期疏除过多花序，掐去主穗1/5穗尖，并将副穗一同掐掉。坐果7d后，幼果长到豆粒大小时，能分辨出果粒大小时，疏除小粒，每穗留果70～80粒为宜。枝间距宜在18cm左右，每667m^{2}控制产量在1 000kg左右。根据市场对果穗颜色的要求，葡萄套袋可选择蓝色或白色袋。尽量提高结果部位，增加通风，减少病害的发生。成熟期应注意及时防治白腐病和炭疽病等果实病害。多雨地区宜采用避雨栽培。

3. 瑞都红玉

品种来源：早熟欧亚种，北京市农林科学院林业果树研究所采用京秀和香妃杂交育成，为瑞都香玉芽变品种。

果实特征：穗粒大小中等，穗重405g，粒重5～7g，果实从开花到成熟的生长发育期为70～80d。果皮紫红或鲜红色有光泽，色泽亮丽，可溶性固形物含量18.2%，有明显的玫瑰香味。果肉质地脆硬，果梗抗拉力强，果实挂树期长，不脱粒，不裂果，耐贮运。

栽培学特征：树势中庸或稍旺，节间中等长度，丰产性强。结果枝率为70.3%，结果系数为1.7。较丰产，在北京地区4月中旬萌芽，5月下旬开花，8月上中旬果实成熟。

栽培要点：架式选用V形架或棚架，树形为斜干水平单主蔓（埋土种植）或直立主干水平双主蔓（非埋土种植）。生长势中等，需要加强肥水管理，定植当年施足底肥，少量多次给水并追肥，促进快速生长尽快成形，第2年可丰产。结果树根据树势和叶相，平衡施肥。冬季修剪以短梢修剪（留1～2个芽）为主，壮枝结果好。花前对结果枝轻摘心，同时去除卷须；副梢单叶绝后摘心，顶端留2个延长副梢；成花能力强，注意控制产量，每个新梢留1～2个花序，弱枝不留花。开花前进行花序整形，去掉穗尖和基部1～2个分轴（副穗或歧肩），或去掉基部若干分轴、仅留穗尖6cm左右（类似夏黑但略长）。由于果粒着生不紧密，坐果后简单整形即可，控制果穗大小在500g左右为宜；生长季多雨地区建议进行避雨或大棚栽培。露地病虫害防控以霜霉病和炭疽病为主，设施（包括避雨）栽培时注意防治白粉病、灰霉病和绿盲蝽、蓟马等。栽培中注意防鸟。

4. 瑞都早红

品种来源：早中熟欧亚种，北京市农林科学院林业果树研究所从京秀和香妃的杂交后代中选出的优质葡萄品种。

果实特征：果穗圆锥形，单或双歧肩，基本无副穗，平均单穗重433g，果粒着生密度中或紧，果粒大小较整齐一致，椭圆形或卵圆形，平均单粒重7～8g，果皮薄至中等厚，稍有涩味。果实成熟中后期具有清香味。果肉质地较脆，果刷抗拉力中或强，丰产。

栽培学特征：北京地区一般4月中下旬开花，5月中下旬发芽，7月上中旬果实开始着色，8月上中旬果实成熟。抗逆性较强。

栽培要点：果实需要直射光着色，转色期雨水或连阴天较多的地区较难着色。果皮薄而脆，成熟期多雨高湿或高产、管理粗放时有裂果现象。果穗紧，建议拉长花序，坐果后去掉部分小分轴，并进行疏果。推荐在干旱半干旱地区，果实成熟期（7 月中下旬至 8 月上旬）光照充足的地区种植。适宜设施栽培。

5. 瑞都红玫

品种来源：中熟欧亚种，北京市农林科学院林业果树研究所以京秀为母本、香妃为父本杂交选育出的玫瑰香味葡萄品种。

果实特征：单穗重 450～600g，平均单粒重 8～10g，果粒大小整齐，果皮紫红或红紫色，果皮、肉均较脆。可溶性固形物含量 17%～18%，有较浓的玫瑰香味。

栽培学特征：丰产性强，抗逆性较强，栽培容易，品质上等，贮运性能较好。

栽培要点：参考瑞都红玉。

6. 早黑宝

品种来源：早熟欧亚种，山西省农业科学院果树研究所 1993 年以瑰宝为母本、早玫瑰为父本杂交，种子经秋水仙碱处理后诱变选育而成的四倍体。

果实特征：果穗圆锥形，带歧肩，平均穗重 420g，最大穗重 930g，果粒短椭圆形，果粒大，平均粒重 8g，最大 10g。果皮紫黑色，果粉厚，果皮较厚而韧。肉质较软，味甜，可溶性固形物含量 15.8%，浓郁玫瑰香味，不耐贮运。

栽培学特征：早黑宝树势中庸，花序多着生在结果枝的第 3～5 节。该品种易形成花芽，产量容易偏高。在自然生长状况下果穗较紧，副梢结实力较强，丰产性、抗病性较强，适宜在华北、西北地区及干旱半干旱地区栽培，在设施栽培中早熟特点尤为突出。

栽培要点：适于小棚架和篱架栽培，中、短梢混合修剪。需要良好肥水条件，保证结果枝粗度≥0.8cm。严格控制负载量，花期前后及时疏花整穗，开花前去除 1～3 个小穗，幼果期（黄豆大时）去除不整齐部分，每果穗 500～800g，留果量为 80 粒左右。早黑宝在着色阶段果实增大十分明显，因此要在坐果后及着色前保持充足的肥水供应，着色后稳定控制湿度，以保证果实充分发育减少裂果发生。设施栽培在开花坐果期温度是关键，应保持 15～28℃，温度过低会有大小粒现象。

7. 玫香宝

品种来源：早中熟欧美杂种，山西农业科学院果树研究所以阿登纳玫瑰×巨峰杂交所得四倍体品种。

果实特征：果穗圆柱形或圆锥形，平均穗重 300g，果粒着生紧密，大小均匀，果形短椭圆或椭圆，平均单粒重 7g。果皮紫红色，较厚韧，果肉较软，味甜，可溶性固形物含量 21.1%，具有浓郁玫瑰香味和草莓香味。

栽培学特征：在山西晋中地区 4 月下旬萌芽，5 月下旬开花，7 月上旬果实开始着色，8 月中旬果实完全成熟，从萌芽到果实充分成熟需 111d 左右。

栽培要点：玫香宝长势中庸，适宜直立或 V 形叶幕栽培。成花容易，对修剪反应不敏感，长、中、短梢及极短梢修剪均可，不需要膨果及整穗，易省力化栽培，80%结果枝可挂 2 穗果。

8. 秋红宝

品种来源：中晚熟欧亚种，山西省农业科学院果树研究所 1999 年以瑰宝为母本、以粉红太妃为父本杂交育成。2007 年通过山西省农作物品种审定委员会审定。

果实特征：果穗圆锥形双歧肩，果穗平均长 18.8cm、宽为 14cm，平均穗重 508g，最大 700g。果粒着生紧密，大小均匀，果粒为短椭圆形，粒中大，平均粒重 7.1g。果皮紫红色，薄、脆。果肉致密硬脆，味甜爽口、具荔枝香味，可溶性固形物含量 21.8%，采后耐贮藏运输。

栽培特征；植株生长势强，萌芽率 84.9%，结果枝占萌芽眼总数的 57%，每个果枝平均花序数为 1.5 个，第 1 花序一般着生在第 4～5 节，第 2 花序在第 5 节。抗逆性强，适应范围广。

栽培要点：建园应选择地势高、通风透光良好的地块。采用篱架式，株行距宜选择（1～1.5）m×（2.3～2.5）m。龙干形整枝小棚架株行距宜选择（0.8～1）m×（4～5）m。秋红宝丰产性强，应根据各地气候情况严格控制产量，一般每 667m^2 产量为 1 200kg 左右为宜。该品种花序坐果率高，果粒着生紧密，生产上必须进行疏花整穗。

9. 蜜光

品种来源：早熟欧美杂交种，河北省农林科学院昌黎果树研究所以巨峰为母本、早黑宝为父本杂交选育。

果实特征：蜜光穗大粒大，平均穗重 720.6g，平均粒重 9.5g。果实易着紫红色，充分成熟呈紫黑色。可溶性固形物含量 19%以上，可滴定酸含量为 0.49%。果肉中等硬度，具浓郁玫瑰香味，果刷耐拉力中等，耐贮运。

栽培学特征：蜜光为极早熟品种，比夏黑早熟 10d 左右，8 月上旬果实成熟。结果早，丰产稳产，平均每个结果枝有 1.35 穗，可短梢修剪。管理技术简单，耐弱光，花芽易分化，容易结二次果，可以一年两熟，大棚和露天都可栽培。对激素适应性好，易进行无核化栽培。

栽培要点：成熟期遇 30℃以上的高温果肉容易发软，注意通风降温。小棚架栽培用独龙干整形，株距 0.8～1m，行距 4m，每 667m^2 栽植 167～208 株；篱架栽培可用单干单臂直立叶幕或 V 形叶幕，株距 0.6～0.8m，行距 2.2～2.5m，每 667m^2 栽植 333～378 株。注意疏芽、抹梢和副梢摘心，以利通风透光。需要对果穗整形和疏粒，果粒为黄豆大时或在花后 25d 进行果穗套袋。

10. 脆光

品种来源：早熟欧美杂交种，河北省农林科学院昌黎果树研究所利用巨峰为母本、早黑宝为父本选育。

果实特征：果穗中等，圆锥形，着生较紧，平均穗重 642g。果粒大，椭圆形，平均单粒重 10.5g，大小均匀一致。果实紫黑色，整穗着色均匀一致，在白色果袋内可充分着色。果实肉脆、风味浓郁，果皮中等厚，有涩味。可溶性固形物含量可达 18%以上，最高达 22.8%。

栽培学特征：该品种对葡萄的主要病害抗性较强，霜霉病、白腐病、炭疽病的发病率均低于巨峰。生长势中等，适应性强。

栽培要点：适合小棚架栽培，可用独龙干整形，株距 0.8～1m，行距 4m；篱架栽培可用单干单臂直立叶幕或 V 形叶幕，株距 0.6～0.8m，行距 2.2～2.5m。注意疏芽、抹梢和副梢摘心，以利通风透光。需要对果穗整形和疏粒，果粒为黄豆大时或在花后 25d 进行果穗套袋。对激素适应性好，易进行无核化栽培。

11. 京秀

品种来源：极早熟欧亚品种，中国科学院北京植物园以玫瑰香、红无粒露和潘诺尼亚等品种作亲本杂交育成。

果实特征：果穗圆锥形，穗长 18～24cm，穗宽 12.5～16cm，穗重 400～500g，最大达 1 200g 以上。果粒着生较紧密，椭圆形，平均粒重 6g，最大粒重 11g。充分成熟时呈玫瑰红色或鲜紫红色，肉脆味甜，酸度低，含糖量 15%～17.5%，含酸量 0.46%，果皮中等厚。

栽培学特征：京秀属中早熟品种，生长期为 110d，生长势较强，结果枝率中等，枝条成熟好，抗病能力中等，副梢结实力低，落花轻，坐果好，不裂果，较丰产。果粒着生牢固，耐运输，易栽培管理。

栽培要点：篱架、棚架均可栽培，适宜中短梢混合修剪。由于花序和果穗较大，栽培上要注意花序和果穗整形以及花后结果枝延迟摘心，以免果穗过紧。花序以上采用单叶绝后法处理，增加叶面积。顶端留 1～2 个副梢，2 个副梢反复 2 叶摘心，花序以下副梢全部抹除。同时要合理调整负载量，负载量过大会造成着色不良，酸高糖低，品质下降，延迟成熟。每个结果枝只留 1 个花序，弱枝不留，枝间距 15cm 左右。一个花穗留 22 个小分枝，及时疏果，疏粒宜在落花后 15～20d 进行。每果穗一般留果 60～80 粒，果穗上部分枝留 4～6 粒，中部分枝留 3～4 粒，下部分枝留 1～2 粒，使果穗呈圆锥形，穗重 400～600g。要适时套袋，加强对病虫和鸟害的防治。适宜在我国干旱、半干旱地区露地栽培和在设施中栽培。

12. 京蜜

品种来源：极早熟欧亚品种，中国科学院植物研究所1997年利用欧亚品种京秀为母本、香妃为父本杂交育成。

果实特征：果穗圆锥形，果穗长，平均穗重为373.7g，果粒着生紧密。果粒扁圆形或近圆形，平均粒重7g。果实黄绿色，果粉和果皮薄。果肉脆，汁液中多，有玫瑰香味，风味甜。可溶性固形物含量17%左右，可滴定酸含量0.31%。

栽培学特征：该品种生长势较强，副梢结实力中等。早果性好，极丰产。葡萄成熟后不易裂果，可在树上久挂不变软、不落粒，可以适当推迟采收期（不能超过40d），风味更加浓郁。

栽培要点：采用棚架、篱架栽培均可。叶片小，夏剪时要注意多留叶。可采用中短梢修剪。注意控制产量，一般每667m^2产量控制在1 500kg。细弱枝不留果穗，壮果枝留1个果穗。为保证果穗松紧适度在坐果后疏掉部分果粒即可，在花前要拉长花序以免果穗过紧，坐果后再整穗。开花前、坐果后、转熟期应多施肥，但应控制氮肥施用量，秋季施足有机肥。对葡萄霜霉病、炭疽病、白腐病抗性较强，露地栽培注意在萌芽前、开花前和坐果后喷药预防。

13. 京香玉

品种来源：早熟欧亚种，中国科学院植物研究所1997年利用京秀为母本、香妃为父本杂交选育而成。

果实特征：果穗圆锥形或长圆锥形，有双歧肩，果穗长，平均穗重463g，果粒着生中等紧密。果粒椭圆形，平均粒重8.2g，黄绿色，果粉薄，果皮中等厚。果肉脆，汁液中多，有玫瑰香味，风味甜酸，可溶性固形物含量14.5%～15.8%，可滴定酸含量0.51%。

栽培学特征：第1个花序着生在结果枝的第3～6节，生长势较强。坐果及果树特征与京蜜类似。在北京地区露地4月中旬萌芽，5月下旬开花，8月上旬果实成熟。

栽培要点：参考京蜜。

14. 京玉

品种来源：早熟欧亚种，中国科学院植物研究所北京植物园以意大利、葡萄园皇后杂交育成。

果实特征：果穗大，平均重684.7g，圆锥形或双歧肩圆锥形，无副穗或有小副穗。果粒着生中等紧密，平均粒重6.5g，椭圆形或长椭圆形，果皮中等厚，绿色，早采微有涩味，肉厚而脆，汁多味浓，酸甜，风味好，可溶性固形物含量13%～16%，含酸量0.5%～0.6%。

栽培学特征：植株生长势较强，结果枝占芽眼总数的30.7%，占新梢总数的52%，每个结果枝上的平均果穗数为1.2个。副梢结实力极强，二次果能充分成熟，丰产性强。日光温室栽培5月下旬果实成熟。

栽培要点：该品种棚架、篱架均可栽培。设施栽培适宜双十字V形篱架。花后15d左右疏果，每个果穗留果60～80粒为宜。温室无核化栽培后果粒增大，无核率100%，成熟期可提前60d。

15. 贵妃玫瑰

品种来源：早熟欧美杂交种，山东省酿酒葡萄科学研究所1985年以红香蕉为母本、葡萄园皇后为父本杂交育成。

果实特征：果穗中等大，平均穗重700g，果粒着生紧密。果实黄绿色，圆形，粒大，平均粒重9g。果皮薄，果肉脆，味甜，有浓郁玫瑰香味。可溶性固形物含量15%～20%，含酸量0.6%～0.7%。

栽培学特征：植株生长势强，丰产，抗病，易栽培。济南地区4月初萌芽，5月上旬开花，7月中旬成熟。

栽培要点：该品种适宜棚架、篱架设施栽培，适合长、中、短梢相结合修剪。无核化处理后可提前成熟，糖度增加1%～3%，果实单粒重增加，且果粒拉长呈长椭圆形。贵妃玫瑰容易发生裂果现象，一般是竖裂，果蒂环裂通常在膨大不到位的小粒上发生，所以要疏除小粒果，调控肥水。为了保证质量，一般采用单枝单穗留果，在花前完成整穗，一般留穗尖9cm。

16. 早红

品种来源：早熟欧亚种，在辽宁省鞍山市郊区发现，来源不详。

果实特征：果穗圆锥形，有副穗和1～2个歧肩，平均穗重531g，最大穗重超过2 000g。果粒着生紧密，平均粒重4g，果粒长卵圆形，玫瑰紫色略带红晕，果皮薄，果刷长，不脱粒，不裂果，耐运输。果皮与果肉易分离，果肉与种子也易分离，果肉脆而多汁，有浓郁的玫瑰香味，可溶性固形物含量14%，含酸量低，口味甜。

栽培学特征：植株生长中庸，芽眼萌发力强，尤其主干上的隐芽萌发力极强，很少出现枝蔓下部光秃现象，秋季枝条成熟较好。结果能力较强，结果枝占总芽眼数的86%，每个果枝平均着生1.6个果穗，副梢结实力也强，二次果在沈阳地区可以充分成熟。坐果率高，丰产快。

栽培要点：在保护地条件下可采用小棚架、篱架栽培；在露地条件下，可采用篱架、大棚架栽培，但大棚架栽培前期产量增长慢，经济效益低。该品种结实能力强，易形成花芽，产量可控制在800～1 500kg。可适当提高栽植密度，以提高栽后第2年和第3年的产量。生产上应根据当年的树势，适当留果，合理负担，加强肥水管理，使浆果适时正常着色、成熟，保持本品种应有的特性。秋季修剪时，可采取中、短梢相结合的方法。本品种坐果率高，要使果粒增大，可适当进行疏果；一种是人工疏果；另一种是用GA_3处理果穗，使穗轴加长，可用GA_3分别在盛花期用50mg/L处理，15d后再用100mg/L处理。本品种抗病性中上，较易感黑痘病和霜霉病，因此要注意叶片的保护，提前打杀菌剂。

17. 巨玫瑰

品种来源：中晚熟欧美杂交种，辽宁大连农业科学院园艺研究所以沈阳大粒玫瑰香和巨峰杂交育成。

果实特征：果穗圆锥形，穗长19cm、宽14cm，平均穗重650g，最大穗重1 250g，果粒着生中等紧。果粒大，椭圆形，平均粒重9g，最大粒重11g，果粒大小均匀一致，种子与果肉易分离。果皮紫色，着色好，外观美，成熟一致。软肉多汁，甜酸适口，具有浓郁纯正的玫瑰香味，含糖量17%～23%，品质极佳。

栽培学特征：植株生长势强，枝条成熟度好，在辽宁大连地区4月中旬萌芽，6月初始花，9月上旬果实充分成熟。从萌芽至果实充分成熟需140d。该品种结实力强，芽眼萌发率82.9%，结果枝率63.2%。每个果枝平均花序数1.72个，1个果枝有2个花序的占58%，但副梢结果能力比巨峰差。早果性、丰产性好，定植第2年开始结果，平均株产4kg，3年丰产，每667m^{2}产量可达2 000kg。

栽培要点：苗木宜选用抗根瘤蚜的SO4砧、5BB砧嫁接苗，有利增大果粒。该品种适合棚架栽培，多雨地区可选用避雨大棚栽培，冬季修剪以中短梢相结合。架式可选用双十字V形架，行距2.5～2.7m；亦可用V形水平架或高宽垂架，行距2.8～3m。梢距18cm，每667m^{2}定梢2 600～2 800条，每667m^{2}产量控制在1 500kg以内。花序以上副梢留1叶绝后摘心，顶端副梢连续2叶摘心。巨玫瑰需中等施肥水平，适当控氮、增钾，叶片容易提前黄化，结合病虫害防治，增加叶面肥喷施次数。对白腐病、炭疽病、黑痘病等有抗病能力，不抗霜霉病。挂果量对着色有影响，可以作为中熟品种搭配种植。此外，巨玫瑰果实偏软，对GA_3不敏感，不耐贮运，成熟后也不宜长时间挂树，果实鲜红色后应及时销售。

18. 早霞玫瑰

品种来源：早熟欧亚种，辽宁大连市农业科学院园艺研究所以白玫瑰香为父本、秋黑为母本杂交育成。

果实特征：果穗圆锥形，穗长19.5cm，宽16.5cm，平均穗重650g，最大穗重1 680g，果粒着生中等紧密。果粒圆形，中等大，平均粒重7～8g，纵径2.14cm，横径2.01cm。着色初期果皮鲜红色，逐渐变为紫红色，日照好的地区紫黑色。果皮中等厚，着色好，果粉中多。果肉与种子不易分离，肉质硬脆，汁液中多，具有浓郁的玫瑰香味。可溶性固形物含量 16.1%～19.2%，总糖含量 15.18%，可滴定酸含量 0.46%，不脱粒，极耐贮运。

栽培学特征：一年生枝条直立，新梢生长至 5～6 节位，多出现分支，第 1 花序多着生在第 4 节，若新梢分叉，花序则着生在分叉后新梢的第 1 节位。早霞玫瑰树势中庸偏弱，节间短，萌芽率为 74.7%，结果枝率为 95.5%，每个结果枝平均花序数为 1.6 个，具有 2 个花序的结果枝占结果枝总数的 52.8%，坐果率适中，平均坐果率为 40.9%，自然坐果后，果穗松紧适中。在辽宁省大连市，果实 7 月底至 8 月初成熟，果实发育期 55d，新梢摘心后有少量二次果现象，二次果在大连地区 9 月上旬充分成熟。抗病能力较强。

栽培要点：早霞玫瑰生长势弱，需选择立地条件好，土壤相对肥沃的地块建园。适合小棚架、篱架栽培，中短梢混合修剪。生长期需大肥大水，多施有机肥，成熟期适当控水，减轻成熟期裂果情况的出现。严格疏花疏果结合无核化栽培，能减轻果皮的涩感和成熟期裂果的危害。

无核化栽培要点：花前施用高氮、大肥大水及高温管理措施促进花序的自然拉长，是该品种进行无核化栽培的前期必备工作；花序分离期至始花期，及时进行花序整形，去除上部所有副穗和分穗，只留 4～5cm 的穗尖；盛花至盛花后 3d 内，以 20mg/L 的 GA_3 浸蘸花序；12d 后用同样药剂进行第 2 次浸蘸；按平均穗重 500g 的标准，每穗留果 80～100 粒。无核化栽培的早霞玫瑰香味更浓，解决了种子和果皮的涩感，同时果皮韧性强，裂果轻。

19. 醉金香

品种来源：中熟欧美杂交种，辽宁农业科学院果树研究所以沈阳大粒玫瑰 7601 为母本、巨峰为父本杂交选育而成的四倍体品种。

果实特征：果穗大，平均穗重 800g，最大可达 1 800g，呈圆锥形，果实紧凑。平均粒重 13g，最大粒重 19g，果粒呈倒卵形，充分成熟时果皮呈金黄色，成熟一致，大小整齐，果脐明显，果粉中多，果皮中厚，果皮与果肉易分离，果肉与种子易分离，果汁多，无肉囊，香味浓，含糖量16.8%，含酸量0.61%。

栽培学特征：植株生长旺盛，节间长，粗壮，芽眼萌发率80.5%，结果枝率55%，每个结果枝平均有花序1.32个，副梢结实力强。对霜霉病和白腐病等真菌性病害具有较强的抗性。

栽培要点：适宜棚架和篱架栽培，中短梢混合修剪。枝间距20cm，结合疏花疏果，合理负载。可无核化栽培，即花前15d左右用5mg/L的GA_3处理，花后3d内用15mg/L CPPU（氯吡苯脲）处理，隔10～15d再用CPPU处理。第2次处理后3～5d就要进行疏果，根据果穗大小，留50～100粒果，这样能生产出优质、大粒、无核的商品果。无核化处理的醉金香适合在大棚或避雨设施内栽培，不宜露地栽培。

20. 户太8号

品种来源：中熟欧美杂交种，西安市葡萄研究所通过奥林匹亚芽变选育而成，1996年1月10日在陕西省第18次农作物品种审定会议上审定通过。

果实特征：果穗圆锥形，果粒着生较紧密。果粒大，近圆形，紫黑色或紫红色，酸甜可口，果粉厚，果皮中厚，果皮与果肉易分离，果肉细腻，无肉囊。平均粒重9.5～10.8g，可溶性固形物含量16%～18%，总酸含量0.25%～0.45%。

栽培学特征：户太8号葡萄正常成熟期在8月上中旬。多次结果能力强，树体生长势强，耐冬季低温。不裂果，成熟后挂树期较长。耐贮性好，常温下可存放10d以上。对黑痘病、白腐病、灰霉病、霜霉病等抗性较强。

栽培要点：进入7月以后严禁施氮肥。冬剪时，主蔓上每隔30～40cm留1个结果母枝，采用中短梢修剪，每个结果母枝留2～4个芽。

21. 茉莉香

品种来源：早中熟欧美杂交种，辽宁省盐碱地利用研究所通过玫瑰露和罗也尔玫瑰于2009年育成。

果实特征：果穗小，平均重175g，长11cm，宽7cm，圆柱形，带副穗，果粒着生紧密。果粒平均重5g，无核处理后可达6～7g，纵径21mm，横径12.5mm，椭圆形。紫红色，果粉中多、皮薄、肉软，稍有肉囊，极甜，有茉莉香味，可溶性固形物含量17.5%，可滴定酸含量0.6%。种子与果肉易分离。

栽培学特征：该品种抗病力强，抗黑痘病、白腐病、霜霉病，但有毛毡病发生，不裂果。抗寒性强，仅次于贝达。

栽培要点：建园应选择地势高、平坦、排水良好的地块，不宜在低洼地和重盐碱地栽培。茉莉香树势强健，适于中小型棚架栽培，株行距为（1～1.5）m×（6～8）m，双龙干整形，结果枝条进行短梢修剪，延长枝进行中梢修剪。

22. 夏至红（中葡萄2号）

品种来源：极早熟欧亚种，中国农业科学院郑州果树研究所育成，亲本为绯红和玫瑰香。

果实特征：果穗圆锥形，无副穗。果穗大，平均单穗重750g，最大可达1 300g，果粒着生紧密，果穗大小整齐。果粒圆形，紫红色，着色一致，成熟一致。果粒大，平均单粒重8.5g，最大可达15g，果粒整齐。果皮中等厚，果粉多，肉脆，硬度中，果汁绿色，汁液中等。果梗短，抗拉力强，不脱粒，不裂果。风味清甜可口，具轻微玫瑰香味。可溶性固形物含量16%～17.4%，总糖含量14.5%，总酸含量0.25%～0.28%。

栽培学特征：该品种具有早果丰产特性，枝条成熟早。二年生的植株，每667m^2产量可达1 200kg左右，三年生每667m^2产量可以达到1 750～2 000kg。在河南省郑州市，该品种4月2日萌芽，5月18日开花，花后浆果开始生长，膨大迅速，浆果6月24日开始着色，果实6月28日开始成熟，7月5日充分成熟，果实成熟度一致，果实发育期为50d。新梢开始成熟为7月15日，11月上旬落叶。在沙壤土、黏土、黄河冲积土中种植均表现良好，对葡萄霜霉病、炭疽病、黑痘病均有良好抗性。成熟期遇雨没有裂果现象。保护地栽培中，生长势中庸偏强，连续丰产性能优良。

栽培要点：该品种扦插极易生根，耐旱性强，建园应选择在地势高、平坦、通风透光良好的地块，地势低洼、通风不好的地方，易出现病害，不宜建园。生长势中庸，成花容易，对修剪反应不敏感。架式选择上，篱架、棚架、高宽垂架等均可。篱架栽培的行距为2～2.5m，株距以1～1.5m为宜，栽培当年留2～3个新梢培养树形，按照篱架栽培树形要求进行长、中、短梢修剪，注意保持篱架的通风和透光。小棚架栽培的株行距以（4～5）m×（1～1.5）m较为适宜，龙干形整枝，栽培当年留2个主蔓，主蔓距地面50cm以上部分，每隔20～30cm留1个结果部位，结果枝条进行短梢修剪，延长枝进行中、长梢修剪。高宽垂架式的株行距以2.5m×（1～1.5）m较为适宜，双臂水平整形，栽培当年留1～2个主蔓延长生长，生长至距地面1～1.2m时摘心，留2个副梢继续延长生长以培养双臂，注意及时进行摘心。树形形成后，在双臂上进行短梢修剪，注意及时更新结果枝蔓。

23. 新郁

品种来源：中晚熟欧亚种，新疆葡萄瓜果开发研究中心以红地球自然杂交种后代为母本、以里扎马特为父本进行杂交育成。

果实特征：果穗圆锥形，着生紧凑，单穗多在800g以上，最大穗重2 300g，极大。穗长31.6cm，穗宽18.1cm。果粒椭圆形，果皮紫红，果皮中厚，果粉中等，果肉较脆，味酸甜，无香味，总酸0.33%～0.39%。果粒纵径3.2cm，横径2.6cm，平均单粒重11.6g，可溶性固形物含量16.8%。穗梗细长，果刷耐拉力较强。每粒果含种子2～3粒，种子与果肉易分离。耐贮运性能较好，适应性较强。

栽培学特征：生长势强，芽眼萌发率54%，结果枝率43%，多着生于结果母枝的第2～6节，每个果枝平均花序数1.08个，隐芽萌发的新梢和副梢结实力弱。在新疆鄯善地区4月中旬萌芽，5月中旬开花，9月上中旬果实完全成熟。从萌芽至果实完全成熟大约145d，需≥10℃活动积温为3 300℃。

栽培要点：适宜该品种栽培的地区为以新疆南北疆为代表的气候干燥、活动积温较高的葡萄产区。宜采用棚架，株行距1.5m×

5m。及时疏花疏果，果穗调整为600g左右。在果实成熟期可疏除枝条基部老叶，以利着色。冬季修剪时以中、短梢相结合的修剪模式为主，注意留预备枝。

24. 玉波2号

品种来源：中晚熟欧亚种。山东省江北葡萄研究所用紫地球为母本、达米娜为父本杂交育成。

果实特征：果穗呈分枝形，穗重粒大，穗重820g，最大穗重1 789g。果粒圆形，着生松散均匀，平均粒重14.3g，最大粒重15.9g。果实成熟后黄色，可溶性固形物含量22%～25.3%。果皮无涩味，果肉脆，玫瑰香味，不裂果，耐贮藏。

栽培学特征：该品种生长势强，枝条节间长度中等，一般为10cm左右，主干增粗快。结果枝率67.5%，双穗率56.8%，结果系数1.5。适应性广，在欧亚种葡萄产区中，晚熟品种露地正常成熟的地区均可栽培。落叶后枝条成熟度高、芽眼充实，不易发生冻害。

栽培要点：选择土层深厚、土质肥沃、不易积水的沙壤土或壤土建园，采用小棚架或篱棚架整形。

25. 丛林玫瑰

品种来源：早熟欧美品种，辽宁丛林先生自主杂交选育的新品种，父本为藤稔、母本尚未公开。

果实特征：平均粒重15g，大粒20g，最大粒31g。果实具有纯正浓郁的玫瑰香味和明显花香，肉质脆而细腻，可切片，含糖量18%以上。果粒紫红色，耐挂果，果刷长，抗拉力强。

栽培学特征：果实上色较慢，上色程度稍低。长势中庸以上。萌芽到成熟105d，早于夏黑10d左右。

栽培要点：低温条件下生长缓慢。幼苗前期生长缓慢，建议设施栽培。

26. 春光

品种来源：早熟欧美杂交种，河北省农林科学院昌黎果树研究所以巨峰为母本、早黑宝为父本杂交选育。

果实特征：果穗大，圆锥形，果粒着生较紧密，平均穗重650.6g。果粒大，椭圆形，平均单粒重9.5g。果实紫黑色至蓝黑色，色泽美观，整穗着色均匀一致，在白色果袋内可充分着色。果粉和果皮较厚，果肉较脆，风味甜，品质佳，可溶性固形物含量17.5%以上，最高达20.5%，可滴定酸含量0.51%，具有草莓香味。果粒附着力较强，采前不落果落粒，耐贮运。

栽培学特征：该品种为极早熟品种，在昌黎地区7月15日左右开始着色，8月上中旬果实充分成熟。该品种产量高，具有早结果、早丰产的优良特性。

栽培要点：该品种适合在日光温室、塑料大棚等保护地栽培。棚篱架栽培均可，中短梢修剪，每667m^2产量控制在1 500kg，注意疏芽、抹梢和副梢摘心，以利通风透光。需要对果穗整形和疏粒，果粒为黄豆大时或在花后25d时进行果穗套袋。该品种树势较弱，为增强根系抗逆性与调控树势可用SO4、5BB等抗性砧木嫁接。

27. 莒葡1号

品种来源：早熟欧亚种，山东莒县葡萄研究所与莒县林业局于1998年发现的绯红葡萄早熟芽变，2006年通过山东日照市科技成果鉴定。

果实特征：果粒近圆形，单粒较大，平均重6.5g，最大粒重9.8g。完全成熟果实皮为紫红色，果肉硬脆，极耐贮运，有淡玫瑰香味，可溶性固形物含量15.6%，着色初期即可食用。果穗圆锥形，紧凑，果穗中大，穗长18.4cm、宽16.8cm，平均穗重为426g，最大穗重为760g。

栽培学特征：在山东日照地区4月上旬萌芽，5月中旬开花，7月上旬果实成熟，果实发育期50d左右。植株生长势中庸，隐芽萌发力中等，芽眼萌发率68.3%，成枝率80.2%。花序一般着生在枝蔓的第3～4节，结果系数为2～2.2。副梢结实能力中等，坐果率高，丰产性强。抗病性中等，适栽区为干旱、半干旱地区和设施栽培。在露天与多雨地区有裂果现象，需在果实发育期均衡供水并适时采收。

栽培要点：该品种生长势中等偏旺，枝条节间短，棚篱架栽培均可，以短梢修剪为主，一个新梢留1～2个果穗，果穗重保持400～500g，应疏花疏果，防止大小粒，每667m^{2}控制产量在1 500kg左右。栽植区要有较好的水肥条件，在果实发育期要采用滴灌及水肥一体化技术，保持土壤湿度均衡，防止裂果现象发生。为增强抗逆性与调控树势可用SO4、5BB等抗性砧木嫁接。

28. 志昌紫丰

品种来源：中早熟欧美种，山东志昌农业科技发展股份有限公司在2008年采用藤稔×巨玫瑰杂交育成。

果实特征：果穗圆锥形，单歧肩，穗长20～25cm、宽9～15cm，平均穗重600g，最大穗重1 200g。果粒着生密度中等，果粒纵径长3～3.8cm、横径长2.5～2.9cm，平均单粒重11.5g，最大粒重18.1g。果皮中厚，果肉细腻，果汁多，无肉囊。果实有种子1～3粒，果肉与种子易分离，果粉厚，果实成熟为紫色，完全成熟为紫黑色。果肉质地较脆，硬度中等，有较浓的玫瑰香味。可溶性固形物含量16%～18%，含酸量0.3%。

栽培学特征：萌芽率70%～80%，丰产性强，结果系数为1.8～2，坐果率高，果粒整齐，二次果结实能力强，抗病性强。在山东地区4月上旬萌芽，5月中旬开花，8月上旬果实充分成熟。

栽培要点：该品种生长势强，结果枝率高，适于棚架和V形架栽培，干旱、半干旱及南方地区均可栽培。小棚架栽培株行距为2m×3m，每667m^{2}栽植111株。V形架栽培株行距1m×3m，每667m^{2}栽植222株。以中短梢修剪为主，1个新梢留1个果穗，保证结果枝粗度在0.8～1.1cm，保持果穗重600g，每667m^{2}控制产量在1 500kg左右。利用SO4、5BB、101-14等抗性砧木嫁接后，树势旺，果粒大，丰产性强，根系抗逆性强。在成熟期前采用控氮、控水、环剥及加大叶果比等手段能提高果实品质。该品种可做无核化栽培。

（二）无核鲜食品种

1. 无核翠宝

品种来源：早熟欧亚种，山西省农业科学院果树研究所以瑰宝和无核白鸡心杂交培育而成。

果实特征：果穗中等大小，双歧肩，圆锥形，平均穗重345g，果粒着生紧密，大小均匀。果粒为倒卵圆形，平均果粒重3.6g，具有玫瑰香味，酸甜爽口、风味独特，果皮薄，呈黄绿色，果肉脆、硬。果刷较短，果粒比较容易脱落。挂果时间长，商品性高，不需过度疏花整穗，可省力化栽培。

栽培学特征：植株生长势强，花序平均坐果率为33.6%，萌芽率56%，结果枝占萌发芽眼总数的35.9%，每个结果枝平均花序数为1.46个。在晋中地区，萌芽期为4月15日左右，开花期为5月下旬，果实开始着色期为7月10日左右，果实完全成熟为8月上旬。

栽培要点：该品种生长势强，适宜V形、Y形和水平棚架栽培。调控结果枝粗度≤1cm。成花容易，对修剪反应不敏感，长、中、短梢及极短梢修剪均可。有亲本无核白鸡心的特点，营养生长过旺时，成花不好，影响结果，特别是小于三年生的小树会表现出枝条粗壮、果穗小、果穗紧的现象，篱架栽培尤其突出。四年生以上大树生长势缓下来后，果穗可增大到500g左右，果穗也较松。一般中强枝可留2穗果，弱枝留1穗果，每枝留叶25～30片。在设施内开花前10d（6片叶）必须进行轻摘心。开花前进行定穗整穗，定穗是选留中大果，去除过小果穗及第3穗果，每667m^{2}留3 500穗左右，整穗主要是去除副穗。花后10～15d，幼果到黄豆大小时进行1次膨果，用10mg/L奇宝（赤霉酸）处理，每个果粒可增大1g左右，效果良好，但必须配合浇水。开花前20d，设施内温度控制在13～28℃，避免温度过高。

2. 爱神玫瑰

品种来源：早熟欧亚种，北京市农林科学院林业果树研究所于

1973年以玫瑰香为母本、京早晶为父本杂交选育而成。

果实特征：果穗中等大小，圆锥形，有副穗，平均穗重220.3g，穗长14.6cm、宽10cm。果粒小，椭圆形，平均粒重2.3g，最大粒重3.5g，果粒着生密度中等。果皮中等厚，红紫至紫黑色，果粉薄。果实风味甜，可溶性固形物含量18%，味甜酸，有浓郁的玫瑰香味，无核或稍带残核。

栽培学特征：植株生长势强，早果性强，抗病性较强，抗逆性中等。结果枝占芽眼总量的57.5%，平均每个结果枝上果穗数为1.42个，果穗多着生在第4～6节。在北京地区萌芽期为4月15日，开花始期为5月26日，果实成熟期为7月28日。

栽培要点：该品种与玫瑰香种植管理相同，适宜北方地区种植，适宜微酸性沙壤土，南方多雨地区应选择避雨栽培。长、中、短梢混合修剪，棚架、篱架栽培均可，棚架栽培更为合适。注意及时防治霜霉病。于开花末期用30mg/L GA_3处理，可消除残核，花后15d用5mg/L GA_3处理，可增大果粒。

3. 丽红宝

品种来源：中熟欧亚种，山西省农业科学院果树研究所以瑰宝×无核白鸡心杂交育成。

果实特征：果穗圆锥形，平均穗重300g，最大穗重460g。果粒着生紧密，大小均匀。果粒为鸡心形，单粒平均重3.9g，最大粒重5.6g。果皮紫红色，薄、韧。果肉脆，具玫瑰香味，味甜，果皮与果肉不易分离，无核。可溶性固形物含量19.4%，总糖含量16.6%，总酸含量0.47%。

栽培学特征：植株长势中庸。在山西晋中地区，4月中旬萌芽，5月下旬开花，7月中旬开始着色，8月下旬果实成熟，从萌芽到果实成熟约130d。抗逆性强。

栽培要点：成花容易，对修剪反应不敏感，适宜V形架和水平棚架栽培。该品种易丰产，需要控制每667m^2产量为1 000～1 500kg。需疏花整穗，不留大穗，疏除基部1～4个小穗，每穗留果100粒。该品种不需要膨果处理，自然结果，省工省力。需加强果实病害防治。

4. 晶红宝

品种来源：中熟欧亚种，山西省农业科学院果树研究所以母本瑰宝、父本无核白鸡心杂交育成。

果实特征：果穗圆锥形，穗形整齐，中等大，平均穗重282g，果粒着生较松，大小均匀。果粒形状为鸡心形，果粒大，平均粒重4.2g，果皮薄韧，紫红色。果肉脆，味甜，无核，可溶性固形物含量20.3%，总糖含量18.75 %，总酸含量0.42%。

栽培学特征：植株生长势较强，萌芽率64%，结果枝占萌发芽眼总数的29.3%，每个结果枝平均花序数1.16个，自然授粉率40.8%。以中、长梢修剪为主。建议每667m^2 产量控制在1 000～1 500kg为宜。在山西晋中地区，4月中旬萌芽，5月下旬开花，7月10日左右果实开始着色，8月下旬果实完全成熟，从萌芽到果实充分成熟需130d左右。

栽培要点：该品种适宜选用水平棚架栽培，结果枝粗度≤1cm为宜。用20～25mg/L奇宝在幼果黄豆大小时处理1次，果粒增大到6～7g，颜色由紫红色变为鲜红色。

5. 月光无核

品种来源：中熟欧美杂交种，河北省农林科学院昌黎果树研究所以玫瑰香×巨峰培育的无核新品种。

果实特征：果穗圆锥形，大小适中，整齐紧凑，平均穗重650g。果粒紫黑色，着色容易，完全一致。果粒近圆形，果粉较厚，平均单粒重9.1g，最大单粒重12.8g。果粒肉质中等，果皮较厚，风味甜，果实无核，可溶性固形物含量18.2%。

栽培学特征：植株生长势较强，根系发达，适应性强。抗寒性和耐旱能力较强。在散射光条件下容易着色，每个果粒在果袋内可充分着色，在采收之前不必去袋，可带袋采收和贮藏。

栽培要点：建园时采用小棚架或篱架种植均可，棚架株行距为1m×4m；篱架株行距为0.8m×2.5m。中、短梢混合修剪。抗病性强，基部叶片容易提前黄化，可以通过新梢摘心、叶面肥喷施减缓衰老黄化，也需提早采用保护剂和杀菌剂交替用药预防。月光无核葡萄为三倍体，需 GA_3 处理，一般在花后 10d 左右处理 1 次，浓度为 30～40mg/kg。也可分 3 次处理，第 1 次处理目标是拉长花序，于花穗分离期用 5mg/kg GA_3 浸蘸花序；第 2 次处理目标是保果，于谢花后 1～2d，用 10mg/kg GA_3 浸蘸花序，务必在这两天内完成；第 3 次于谢花后 15d 进行膨大处理，使用 25mg/kg GA_3 浸蘸花序。合理控制产量，以每 667m^2 1 500kg 左右为宜。

6. 沪培 1 号

品种来源：早熟欧美杂交种，上海市农业科学院以二倍体无核品种喜乐（希姆劳特）为母本与四倍体品种巨峰杂交，经胚挽救培养育成的三倍体品种。

果实特征：平均果穗重 400g，果粒大，平均单粒重 6.8g。果粒椭圆形，绿白色，冷凉条件下表现出淡红色。果穗和果粒大小整齐，不裂果。肉质中等硬，风味浓郁，可溶性固形物含量 15%～18%，不易脱粒。

栽培学特征：该品种树势强壮，抗病性强，早果性强，结实力较强。

栽培要点：该品种适宜露地及设施栽培，多雨地区进行避雨栽培，在促成栽培条件下果粒明显的比露地栽培的大。该品种生长势强，结果节位较高，可采用棚架整形，长梢修剪为主。生长季节宜进行多次摘心，培养副梢结果母枝以缓和树势，并提高花芽形成和结实能力。在栽培中必须采用 GA_3 处理，第 1 次在盛花期—盛花末期用 25～30mg/L 的 GA_3 浸花穗，第 2 次在花后 10～15d 用相同质量浓度的 GA_3 再浸果穗 1 次或处理时加入 1～2mg/L 氯吡苯脲（CPPU），以达到增大果粒的效果。每个果枝留 1 个果穗，每 667m^2 产量控制在 1 000kg 左右为宜。为提高品质还应在果实软化期之前增施钾肥。选择不同颜色葡萄专用果袋，果面颜色会有所不同，选择白色葡萄袋，果面一般是淡红色；套蓝、绿葡萄袋，果面一般为绿白色；套深色或黑色葡萄袋，果面一般为白色。

7. 瑞锋无核

品种来源：中晚熟欧美杂交种，北京市农林科学院林业果树研究所在先锋芽变中选育而来。

果实特征：果穗圆锥形，自然状态下果穗松散，单穗重200～300g。果粒近圆形，平均单粒重4～5g，果皮蓝黑色，果皮韧，果粉厚，果肉软，可溶性固性物含量17.93%，可滴定酸含量0.62%，无核或有残核，个别果粒会有1粒种子，平均无核率98.08%。风味酸甜，略有草莓香味，果实不裂果。

栽培学特征：该品种生长势较强，萌芽率较高，副梢结实力弱。抗病性强，抗旱、抗寒性中等。在北京市，4月中旬萌芽，5月下旬开花，7月下旬果实开始着色，9月中旬成熟。

栽培要点：棚架、篱架栽培均可，长、中、短梢混合修剪。栽培上注意加强肥水管理，培养强旺树势，果实转色前应多补充磷、钾肥，以增加枝条的成熟度。结果新梢于花前，在果穗以上留5～8片叶摘心。控制每667m^2产量为1 000～1 250kg，穗重450g，单株产量6.5～8.5kg，每个新梢只留1穗果，其余的全部去掉，弱枝不留。开花前，剪除花穗上部3～5个分支及花序尖端扁平、分叉的畸形部分；用50mg/L GA_3处理2次，第1次在盛花后3～5d进行，第2次于花后10～15d后进行，坐果后进行果穗整理，每个果穗留果50～60粒为宜。

8. 碧香无核（旭旺1号）

品种来源：早熟欧亚种，吉林农业科技学院在2004年采用郑州早玉和沙巴珍珠杂交而成。

果实特征：果穗圆锥形，带歧肩，平均穗重600g，穗形整齐。果粒圆形，黄绿色，平均粒重4g。果皮薄，肉脆，无核，口感好，品质上等。可溶性固形物含量22%，含酸量0.25%。

栽培学特征：开花至浆果成熟需60d左右。吉林地区露地栽培5月上旬萌芽，6月上中旬开花，8月上中旬浆果成熟。生长势中庸，萌芽率75%～80%，结果系数为1.7～1.8。

栽培要点：该品种适合棚架或篱架栽培，以短梢和极短梢修剪为主，可进行设施栽培或露地栽培。露地篱架栽培密度为（0.5～1）m×4m。每株合理负载量为4～5kg，叶果比为（10～12）：1。适当疏花疏果，提高果实的商品率。碧香无核的花序较多，需在开花前疏除掉部分花序，1个新梢留1穗果，间距15cm左右。结果枝花前摘心，于花前3～5d进行疏穗，留穗尖10cm，其余支穗疏除。有机肥配比按斤*果斤肥施，注意增施磷、钾肥，坐果后叶面喷磷酸二氢钾，病虫害采用常规方法防治。

9. 火洲黑玉

品种来源：早熟欧亚种，新疆维吾尔自治区葡萄瓜果研究所以红地球为母本、火焰无核为父本杂交选育而成。

果实特征：果穗圆锥形，单穗重400g左右，果粒着生较紧，大小均匀。果粒近圆形，纵径1.76cm、横径1.74cm，粒重3g，经GA_3处理可达4g以上，制干后百粒重73.53 g。果皮紫黑色，中等厚，肉较脆，有软核。可溶性固形物含量23%，总酸含量0.49%。

栽培学特征：植株生长势较强，芽眼萌发率68.3%，果枝率78.9%，多着生在结果枝的第2～6节，结果系数为1.7。在新疆鄯善地区4月上中旬萌芽，5月中下旬开花，6月底开始着色，7月上旬开始成熟，7月底8月初完全成熟，从开花至浆果完全成熟需75d，从萌芽至浆果完全成熟所需天数为105d，此期间有效积温为2 500℃左右。可鲜食、制干兼用，丰产，适应性较强。

栽培要点：该品种可选择沙壤土等条件较好的地块种植，采用棚架栽培，龙干整形，株行距（1～1.5）m×5m。该品种结果枝率较高，注意控制结果量。双穗率高，应及早疏穗，每个果枝留1个果穗。果穗较紧，需进行疏花疏果。夏季修剪时，在开花后进行第1次摘心；冬季修剪适宜中、短梢修剪，以短梢修剪为主。在新疆吐鲁番地区喷施GA_3后影响着色，推迟成熟，应使用较低浓度或不使用。适宜在光热条件较好的干旱、半干旱地区进行露地栽培。

---

* 斤为非法定计量单位，1斤=500g。——编者注

10. 火洲紫玉

品种来源：欧亚种，新疆维吾尔自治区葡萄瓜果研究所于1997年以新葡1号为母本、以红无籽露为父本杂交选育而成。

果实特征：果穗圆锥形，有副穗，单穗重600g左右，果粒着生紧。果粒椭圆形，粒重3～4g，果皮紫红色，较薄，肉脆，无种子。经GA_3处理可达4.5g以上，风味酸甜适口，可溶性固形物含量18%以上，较耐贮运。

栽培学特征：植株生长势较强，芽眼萌发率63%，果枝率63.3%，多着生在结果枝的第2～6节，结果系数为1.52。隐芽萌发的新梢和副梢结实力较弱，果实成熟期较一致。

栽培要点：该品种可选择沙壤土等条件较好的地块种植，可选择小棚架或大棚架栽培，小棚架株行距（1～1.5）m×（4～5）m为宜。该品种果穗紧，需进行疏花疏果，果穗控制在500～600g为佳。结果枝率较高，需要控制结果量，花后需要进行第1次摘心。冬季修剪以短梢修剪为主。在新疆吐鲁番地区使用较低浓度GA_3处理或者不使用。

11. 天工翡翠

品种来源：早中熟欧美杂交种，浙江省农业科学院园艺研究所以金手指为母本、鄞红为父本杂交育成。

果实特征：果穗呈圆柱形，单穗重400～600g，具有较好的紧密度，全穗果粒成熟一致。果梗与果粒易分离。果粒呈椭圆形，果粒整齐，果皮黄绿色带粉红晕，果粉薄，果皮薄，果皮不易剥离。单粒重2.6～3.1 g，经GA_3处理1次平均单粒重增加至5.2g。果肉汁液中多，质脆，具有淡哈密瓜香味。可溶性固形物含量18.5%，可滴定酸含量0.4%。

栽培学特征：该品种生长势强，始果期早，枝梢生长粗壮，定植第2年结果株率超过90%。花芽分化和丰产、稳产性均好，成龄结果树萌芽率81%，结果枝率90.9%，每个结果枝花序数1.6个。天工翡翠具有较强的抗灰霉病、霜霉病能力。在浙江海宁设施栽培条件下，3月中下旬萌芽，5月初开花，6月中下旬转熟，7月底成熟上市。

栽培要点：该品种树势强，可采用稀植大冠整形，防积水。T形或“一”字形整形，株行距（2～8）m×3m；H形架株行距（4～8）m×（5～6）m。新梢花序上留3叶摘心，拉长花序，减少疏果工作量，侧副梢全疏除。花前摘心（促进坐果），当每穗果有20～25片叶时，打梢顶（封梢），促使果实膨大。以施用有机肥为主。冬季可进行短梢修剪。该品种适宜设施栽培，由于果皮薄，果实转熟至采前要特别注意水分供应均匀，预防裂果。开花前后重点防治灰霉病、白粉病、粉蚧、红蜘蛛，幼果期重点防炭疽病、白粉病、粉蚧、红蜘蛛。

12. 郑艳无核

品种来源：早熟欧美杂交种，中国农业科学院郑州果树研究所以京秀与布朗无核杂交育成。

果实特征：果穗圆锥形，带副穗，无歧肩，穗长19.2cm、宽14.7cm，平均单穗重618.3g，最大穗重988.6g，果粒成熟一致。果粒椭圆形，粉红色，纵径1.62cm、横径1.4cm，平均单粒重3.1g，最大粒4.6g。果粒与果柄难分离，果粉薄，果皮无涩味，皮下无色素。果肉硬度中等，汁液中等多，有草莓香味，可溶性固形物含量为19.9%。

栽培学特征：进入结果期早，定植第2年开始结果，并早期丰产，平均株产11.8kg。在河南郑州地区，3月底至4月初萌芽，5月上旬开花，6月下旬果实开始成熟，7月中下旬充分成熟，从萌芽到果实成熟为120d左右。该品种较抗霜霉病、炭疽病和白腐病。在次生盐碱化重的西北地区种植容易出现叶片黄化现象。

栽培要点：该品种适宜中国华北及中东部地区种植，篱架和棚架栽培均可。冬季修剪原则是强枝长留，弱枝短留，以短梢修剪为主；棚架前段长留，下部短留；剪除密集枝、细弱枝和病虫害枝。夏季修剪时将果穗以下的副梢从基部除去，果穗以上的副梢留2片叶摘心，主梢顶端的副梢留3～5片叶反复摘心。因坐果率偏高，结果枝可在开花后摘心。

13. 南太湖特早

品种来源：极早熟欧美杂交种，江苏常州武进地区发现的山本提芽变。

果实特征：果穗圆锥形，单穗重 780g 左右，最大 900g 左右。果粒着生中等紧密，单粒重 11g 左右，椭圆形，墨黑色，果粉厚，果皮与果肉容易分离。果肉脆硬，香甜可口，无涩味，有草莓香味，可溶性固形物含量 18%以上，成熟后挂树期长达 20d 不落粒。

栽培学特征：植株长势较强，芽眼萌芽率 90%，花芽分化好且稳定，隐芽萌发力中等，新梢结实力强，枝条成熟度高。坐果率高，丰产稳产，果穗、果粒成熟一致。正常管理条件下每 667m^2 第 2 年可挂果 900kg，第 3 年产量为 1 250kg。在江苏南太湖地区，3 月下旬萌芽，5 月初盛花，盛花后 5d 进行保果，5 月中旬开始第 1 次幼果膨大，6 月中旬果实开始转色，7 月初开始成熟，物候期比巨峰早 30d。抗葡萄黑痘病、炭疽病、白腐病、白粉病，但弱抗灰霉病，对霜霉病抗性中等。

栽培要点：设施内注意通风，降低霜霉病和灰霉病发生率。花前需要进行拉长花序，需要进行疏花疏果处理。成熟期需要防止鸟害。管理粗放时容易出现坐果不稳、大小粒现象。

14. 紫甜无核

品种来源：欧亚种晚熟品种，河北昌黎县李绍星葡萄育种研究所以牛奶为母本、皇家秋天为父本杂交育成。

果实特征：果穗长圆锥形，紧密度中等，平均单穗重 500g。果粒长圆形，无核，整齐度一致，平均单粒重 5.6g。经奇宝处理后，平均单穗重 918.9 g，最大单穗重 1 200g，平均穗长 21.5cm，112 粒/穗，平均单粒重 10g，果粒大小均匀，自然无核，自然生长状态下呈紫黑至蓝黑色，套袋果实呈紫红色，果穗、果粒着色均匀一致，色泽美观。果粉较薄，果皮厚度中等，较脆，与果肉不易分离。果肉质地脆，颜色淡青色，淡牛奶香味，风味极甜。果汁含量中等，出汁率 85%，可溶性固形物含量 20%～24%，鲜食品质极佳。果实附着力较强，不落果。

栽培学特征：长势中庸，早果性好，丰产。抗病性和适应性较强，对霜霉病、白腐病和炭疽病均具有较好抗性。根系发达，耐旱性强。在我国北方栽培可以顺利防寒越冬。果实成熟后可在树上挂超过 2 个月，且不落粒，极耐贮运。在河北省昌黎地区，一般在 4 月 16～18 日萌芽，6 月 1～2 日开花，7 月底果实开始着色，9 月 12 日左右成熟，从萌芽至成熟需 148d。

栽培要点：在地势高、光照充足、土层深厚、有灌排水条件、排水良好的沙质土或沙壤土地块上建园。建园可采用小棚架或篱架种植。

二、国外引进葡萄品种

（一）有核鲜食品种

1. 红地球

品种来源：晚熟欧亚种，20 世纪 70 年代由美国加利福尼亚大学研究人员经过杂交培育而得，亲本为 L12－80×S45－84。

果实特征：果穗长圆锥形，平均穗重 500g，最大穗重可达 1 000～1 200g，最大粒重 15g。果皮中厚，暗紫红色，果粉不易脱落，果肉脆硬，贮运中不易出现裂果和较重的挤压伤。果梗粗壮，果刷粗而长，果实耐拉力强，不易落粒。果实糖度高，酸度低，气味清香。

栽培学特征：树势中庸，但幼树生长旺盛，易贪青生长，枝条成熟较迟，枝条成熟后，节间短，芽眼突出，饱满，结果枝率为 70％左右，结果系数为 1.3，有 2 次结果习性。

栽培要点：①红地球幼树旺长，枝条易徒长，成熟晚。应选择有利于花芽分化的架式，可选择 V 形水平架、水平棚架、倾斜式小棚架，不宜选用直立叶幕篱架。采用小棚架，幼树以中梢修剪为主，部分枝蔓可放至 10 芽，结合 3 芽短梢修剪。成龄树需进行短梢修剪，减轻抹芽定梢的工作量。夏季修剪要合理留梢，枝间距 20cm，一般一次副梢留 3 片叶摘心，二次副梢留 2 片叶摘心，以后发生的副梢不留。②控制产量和花果管理。控产是提高果实品质的一项重要措施，成龄园每 667m^2 产量控制在 2 000kg 为宜。开花前 7d 对结果新梢摘心并抹除副梢，每个结果新梢只留 1 穗。及早疏花序、疏枝剪穗，掐尖、顺穗，使左右分开层次、疏密相间，去掉花序基部大分枝，每隔 2～3 个分枝剪除 1 个分枝，每穗留 80～100 粒，穗重 1 000g。

2. 玫瑰香

品种来源：中晚熟欧亚种，原产英国，由亚历山大和黑罕杂交而成。

果实特征：果穗中等大，圆锥形，平均穗重 350g，最大穗重 1 000g 左右，果粒着生疏松至中等紧密。果粒椭圆形或卵圆形，平均 5g。果皮中等厚，果皮黑紫色，果肉较软，多汁有浓郁的玫瑰香味，可溶性固形物含量 18%～20%，含酸量 0.5%～0.7%。

栽培学特征：北京地区 8 月下旬至 9 月上旬成熟。该品种适应性强，耐盐碱，丰产。

栽培要点：选用排水良好、土地肥沃的地块栽植；选用生长势强、抗湿的砧木嫁接育苗。增施有机肥，适量补充硼等微量元素。严格控制产量，否则含糖量下降，风味更淡。注意土壤保湿，防止或减轻裂果。及时防病除虫。冬季修剪宜采用中、短梢修剪为主。采用避雨栽培。

3. 巨峰

品种来源：中熟类欧美杂交种，日本大井上康于 1937 年以石原早生为母本、森田尼为父本杂交培育。

果实特征：果实穗大，粒大，平均穗重 400～600g，平均单粒重 12g 左右，最大可达 20g。成熟时果紫黑色，果皮厚，果粉多，果肉较软，味甜、多汁，有草莓香味，皮、肉和种子易分离，含糖量 16%。

栽培学特征：适应性强，抗病、抗寒性能好，喜肥水。山东地区 8 月下旬成熟。

栽培要点：巨峰树势越旺盛，分配到花穗、果穗的养分越少，落花落粒越严重。用植物生长调节剂处理花穗果穗可提高坐果率，减少落果，但也容易出现严重大小粒现象。

4. 阳光玫瑰

品种来源：中晚熟欧美杂交种，日本果树试验场安芸津葡萄、柿研究部选育而成，其亲本为安芸津21号和白南。

果实特征：果穗圆锥形，穗重600g左右，大穗可达1 800g左右，果粒着生紧密。平均单粒重8～12g，椭圆形，黄绿色，果面有光泽。果肉脆多汁，有玫瑰香味，可溶性固形物20%左右，最高可达26%，鲜食品质极优。中晚熟品种，但成熟后可以在树上挂果长达2个月。不裂果，耐贮运，无脱粒现象，但果实表面易发生锈斑。

栽培学特征：阳光玫瑰继承了白南的特征，对病毒敏感，表现为节间长，叶片小并且皱缩畸形，黄化并散生受叶脉限制的褪绿斑驳，在高有机质和高肥水条件下症状减轻。对真菌病害抗性较强，需要注意防治霜霉病。

栽培要点：高标准建园，园地最好选择有机质含量较高，有水源，容易排水的地块，土壤适宜pH6～8。选择健康的嫁接苗，一般选择5BB、SO4、3309C、3309M等。阳光玫瑰树势旺，适合稀植栽培，架式可选择顺行棚架，株行距2m×4m，T形架株行距3m×（4～8）m，H形架株行距3m×（6～8）m。栽植前，按行距挖宽深各1m的定植沟，每667m^2施入腐熟农家肥或生物有机肥4t，与表土混匀回填，灌水沉实，然后起垄，垄高20～30cm，垄面宽60～80cm。葡萄苗浸入多菌灵800倍液中浸泡，按照株距在垄上栽植。阳光玫瑰葡萄结实力强，坐果率高，开花前应疏除部分多余花序。结合摘心，于开花前7d开始疏花，保留花序尖端4～5cm，其余全部去掉。为提高阳光玫瑰的商品价值，需要进行无核化及膨大处理。膨果后要严格疏果，留单层果，一般每穗留果粒60个。

5. 矢富罗莎（粉红亚都蜜）

品种来源：早熟欧亚种，日本园艺研究家矢富良宗经杂交选育的葡萄品种，亲本为潘诺尼亚和莎巴珍珠与楼都玫瑰杂交的后代。

果实特性：果穗圆锥形，平均穗重500g，果粒着生疏密适中，果穗美观。果粒长椭圆形，紫红色，皮薄而韧，果柄细长，果刷较长，不易脱粒，平均粒重10.5g。果肉脆硬，可溶性固形物含量18.5%。果味甜，酸味淡，有淡玫瑰香味。

栽培学特征：抗逆性强，在较恶劣的环境中也不易落花落果。抗黑痘病、霜霉病的能力较差，抗灰霉病、霜霉病、炭疽病、白腐病能力优于其他欧亚种。耐贮运。在山东临清露地栽培，6月中旬着色，6月下旬成熟，比巨峰、藤稔早熟40d。

栽培要点：该品种篱架、棚架栽培均可。小棚架以株行距1m×4m，中、短梢混合修剪。单篱架以株行距1m×2m，短梢修剪。该品种丰产性较强，每667m^2控制在2 000kg以内。中庸新梢和强壮新梢只留1穗果，过弱新梢不留果，穗重控制在500g为宜。新梢间距15cm左右，顶端新梢和强壮新梢尽量倾斜绑缚。花前5～7d留7～8片叶摘心，花序以下的副梢全部抹除，花序以上的副梢留1片叶绝后摘心，顶端的副梢留1～2片叶反复摘心。果实成熟时，穗叶比要达到1∶30以上。

6. 美人指

品种来源：中晚熟欧亚种，原产日本，其亲本为龙尼坤巴拉底2号。

果实特征：果穗中大，无副穗，平均穗重450g。果粒大、细长，平均粒重10～12g。果实先端为鲜红色，润滑光亮，基部颜色稍淡，恰如染了红指甲油的美女手指，外观极其艳丽，故此得名。果实皮肉不易剥离，皮薄而韧，不易裂果。果肉紧脆呈半透明状，可切片，无香味，可溶性固形物含量16%～19%，含酸量极低，口感爽脆，具有典型的欧亚种风味。

栽培学特征：美人指长势强旺，枝条直立、健壮，节间较短，枝条成熟迟。华东地区一般在8月上旬着色，8月下旬成熟；华北地区8月下旬开始着色，9月中下旬成熟，果实耐贮运。栽后第2年即挂果，株产平均4～5kg。3年后进入丰产期，株产可达10～20kg。抗病性较弱，易感黑痘病和白腐病。

栽培要点：①促进花芽分化。严格控制氮肥施用量，增加有机肥用量。②宜采用缓和生长势的棚架栽培并进行设施栽培。可选用T形水平架或顺行棚架，中长梢修剪，适当多留结果母枝。③适时采取化学促控措施，坐果后新梢喷施2次PBO 100倍液，解决美人指葡萄枝条成熟迟、光照不足导致花芽分化少的问题。④现蕾后应及时疏穗，保持1个新梢1穗果，疏除弱枝上的果穗，枝间距18cm。坐果后要及时疏粒，每穗留果50～60粒，保持穗重400g左右，每667m^2产量控制在1 200kg左右。着色前可在地面铺反光膜，有利于提高着色度并使果面着色均匀。⑤加大对黑痘病和白腐病的防治。美人指葡萄对光照和高温极其敏感，夏季高温期间，果实和叶子易遭受日灼危害。适当提高架面枝叶密度；在高温期间，尽量降低棚内温度；选用里面黑色纸质的双层葡萄袋防日灼效果良好。

7. 金手指

品种来源：早熟欧美杂交种，日本原田富一氏1982年杂交育成，1993年在日本农林水产省登记注册，因果实的色泽和形状命名为金手指。

果实特征：果穗长圆锥形，平均穗重445g，最大980g，果粒着生松紧适度。果粒长椭圆形，略弯曲，呈菱角状，黄白色，平均粒重7.5g。疏花疏果后平均粒重10g，用膨大素处理1次平均粒重13g，最大粒重20g。无小青粒，果粉厚，极美观，果皮薄，可剥离，可以带皮吃。可溶性固形物含量18%～23%，最高达28%，有浓郁的冰糖味和牛奶味。果柄与果粒结合牢固，但不耐贮运。

栽培学特征：7月下旬成熟。树势旺，节间长，容易徒长导致花芽分化差，产量偏低。对生态逆境适应性较强，对土壤、环境要求不严格。但抗病性较差，易感染白腐病。

栽培要点：金手指葡萄幼树期易徒长，花序较小，因此要早摘心，重摘心。正常的管理条件下，健壮的结果枝可留1～2穗果，中庸枝只留1穗果，弱枝不留果。该品种生长势较强，适用于任何一种栽培模式，棚架结果部位高，叶果分离，通风透光好，有利于该品种优质高效生产。

8. 意大利

品种来源：晚熟欧亚种，原产意大利，亲本为比坎×玫瑰香。

果实特征：果穗大，平均重830g，果穗长28cm、宽20cm，圆锥形，果粒着生中等紧密。果粒大，平均粒重6.8g，纵径2.5cm、横径2cm，椭圆形，黄绿色。果粉中等厚，果皮中厚，果肉脆，味甜，有玫瑰香味，含糖量17%，含酸量0.7%。果肉与种子易分离。

栽培学特征：树势中等。芽眼萌发率高，结果枝占总芽眼数的15%，每个果枝平均生1.3个花序，果穗着生在第4、5节。北京地区4月中旬萌芽，5月下旬开花，9月下旬成熟，从萌芽至成熟需160d左右。该品种抗白腐病、黑痘病，但易感染霜霉病和白粉病。

栽培要点：该品种喜充足的肥水，适合在温暖干旱地区栽培，棚篱架均可，不同架式对留芽量的要求不相同，棚架长短梢混合修剪，篱架中短梢混合修剪。生产上要注意在坐果后及时进行果穗整形，防止果穗过大。要及时防治霜霉病和白粉病。

9. 塔米娜

品种来源：晚熟欧亚种，原产罗马尼亚。

果实特征：平均穗重560g，最大穗重1 100g。果粒圆形或短椭圆形，着生紧密，平均粒重8.5g，最大粒重14.5g。果皮紫红色，皮中厚，果粉厚。果肉中等硬，可溶性固形物含量16.5%，具有浓郁的玫瑰香味，品质极佳。

栽培学特征：河北昌黎地区9月中旬果实充分成熟。植株生长势中等，结实力强，极丰产。

栽培要点：塔米娜葡萄抗病性较强，果实耐贮运。宜采用篱架、棚架整形，以中短梢混合修剪为主。

10. 摩尔多瓦

品种来源：晚熟欧美杂交种间杂种，是由摩尔多瓦共和国育成，杂交亲本为古扎丽卡拉（GuzaliKala）×SV12375。

果实特征：果穗圆锥形，平均穗重650g，果粒着生中等紧密。果粒大，短椭圆形，平均粒重9g，最大粒重13.5g。果皮蓝黑色，着色早且非常整齐一致，果粉厚。果肉柔软多汁，无明显香味。可溶性固形物含量16%～18.9%，最高可达20%。含酸量0.54%，果肉与种子易分离，极耐贮运。适宜鲜食与酿酒。

栽培学特征：生长势强或极强，新梢年生长量可达3～4m，但成熟度好。该品种果粒非常容易着色，散射光条件下着色很好，而且整齐，在架面下部及中部光照差的部位也均可全部着色。结实力极强，每个结果枝平均果穗1.6个。该品种抗寒性强，高抗葡萄霜霉病和灰霉病，抗白粉病和黑痘病能力中等。果皮较薄、果穗过紧，后期容易破裂感染酸腐病。

栽培要点：摩尔多瓦特别适合用作观光长廊的栽培。长廊架式可选择多T形组合或多“厂”字组合整形，长廊架面可布置多个结果带，每个结果带在同一位置，形成整体同一、漂亮的观光长廊。可以3株为一个组合，由3个不同高度的“厂”字形或T形组成。种植株距1～2m，立柱上第1道拉丝距地面1m，以上及棚面隔40～50cm拉1道铁丝。“厂”字形结果母枝每隔1道铁丝（约1m），平行1条同一方向的结果母枝（T形分别往两边），形成上、中、下三条结果母枝带，发出的新枝等距离垂直向上生长，成为3条不同高度的结果带，形成每个结果部位都各在1条线上的观光长廊。作为加工原料栽培可采用棚架或篱架，株距至少要1m以上。

摩尔多瓦葡萄抗病性强，但对肥水要求较高，生长前期要施足肥料，着色期后少施或尽量不施肥。摩尔多瓦果皮较薄，果实整个生育期要保持水肥供应均衡，避免成熟后果实发生裂果感染酸腐病的危害。最好安装水肥一体化滴灌设备，保障供水均衡。

11. 巴拉多

品种来源：早熟欧亚种，日本山梨县甲府市的米山孝之氏以巴拉蒂×黄金杂交育成。

果实特征：果粒椭圆形，最大单粒重可达12g，糖度可达到

23%。果皮黄色带一点绿，完全成熟后呈金色。果皮薄，可以连皮一起吃。果实具有玫瑰香味。

栽培学特征：在日本甲府市地区，8月上旬成熟。

栽培要点：该品种花芽分化好，适合短梢修剪栽培。

12. 红巴拉多

品种来源：极早熟欧亚种，日本山梨县甲府市的米山孝之氏以巴拉蒂×京秀育成。

果实特征：果穗大，平均穗重800g，最大可达2 000g。果粒大小均匀，着生中等紧密，果粒椭圆形，最大单粒重可达12g。果皮鲜红色，皮薄肉脆，可以连皮一起食用，含糖量高，可达23%。无香味，口感好。

栽培学特征：在张家港市7月上旬开始成熟。在设施栽培条件下，不易裂果，不掉粒，充分成熟后在树上挂果时间长，疏果整穗简单，省力。早果性、丰产性、抗病性均好。植株长势快，萌芽好。芽眼萌芽率高，成枝率好，枝条成熟度好。每个果枝平均着生果穗1～2个。

栽培要点：红巴拉多长势强，花芽分化好，结果母枝下端形成优质花芽概率较高，冬季修剪一般留3～5个芽进行短、中梢修剪。南北方都可以种植，南方采用大棚避雨栽培较好。

13. 黑巴拉多

品种来源：极早熟欧美杂种。日本甲府市米山孝之氏用米山3号与红巴拉多杂交培育而成。

果实特征：果皮黑色，单粒重8g左右，最大可达10g，成熟期为7月下旬至8月上旬，香气独特，含糖量可达23%，风味浓厚。早果性、丰产性好，可以连皮吃。

栽培学特征：初期植株长势一般，萌芽好，后期成长速度要比红巴拉多快。芽眼萌芽率高，成枝率好，枝条成熟度好。每个果枝平均着生果穗1～2个。在金华地区5月6日开花，6月17日转色，6月27日成熟，比红巴拉多要早，从萌芽到成熟需100d左右。

栽培要点：黑巴拉多长势中强，花芽分化较好。抗病性较强，充分成熟后在树上挂果时间长，疏花整穗简单省工，适合南北方栽培，南方多雨地区要采用大棚避雨栽培。生长期多喷施叶面肥，冬剪时留枝以中长梢壮枝作为结果枝为好。始花期及花后 14d 用 GA_3 处理可以进行无核化栽培。

（二）无核鲜食品种

1. 无核寒香蜜

品种来源：早熟欧美杂交种，由 Fredonia 与无核紫杂交选育而成。

果实特征：果穗圆锥形，单枝多生两穗，单穗重 300～500g，果粒着生紧密。果粒圆形，平均单粒重 4g 左右，果皮粉红色，较厚，果粉中等厚，果肉软而多汁，含糖量 18%左右，香味浓。

栽培学特征：植株生长旺盛，抗病性、抗寒性及抗旱性极强，对土质、肥水要求不严。易于管理，芽眼萌发率高，叶片肥大。比京亚提早熟 7d，树势较强，结果率高，双穗率高，坐果位置低，在第 3～4 节处结穗率极高，平均每条结果母枝自然可结 2～3 个果穗，1 年能多次结果。膨大处理后果穗果粒可增大至 8g，果穗可达到 2 000g。在吉林地区 8 月 20 日成熟，在浙江 6 月中下旬成熟。

栽培要点：适合露地和保护地栽培。架式可选用小棚架栽培，应加强肥水管理，每 667m^2 种植密度为 160 株。重视夏季修剪，保持架面通风透光。该品种需在花前拉长花序，果穗果粒稍小，需进行膨大处理。特别适宜东北及华北无霜期短的地区栽培。

2. 火焰无核

品种来源：早熟欧亚种，美国 FRESNO 园艺试验站杂交育成。

果实特征：果穗较大，呈圆锥形，穗形紧密，穗重 680～890g，果粒着生中等紧密。果粒近圆形，果实鲜红色或紫红色，平均单粒重 3～3.5g，经 GA_3 处理可达 5～6g。果肉硬脆，果皮薄，果汁中等，酸甜适口，可溶性固形物含量 17%～21%，含酸量16％。

栽培学特征：植株生长势强，萌芽率67％，结果枝占总枝条数的81％，果穗多着生于结果母枝第3～7节，每个果枝平均着生果穗数为1.2～1.4个，隐芽萌发的新梢和副梢结实力较强，果实丰产，适应性强，果实抗病性、抗寒性较强。在山东平度地区，5月上旬萌芽，6月上旬开花，8月上旬成熟，生长日数115d。

栽培要点：架式可选择棚架或Y形架，进行中、短梢混合修剪。叶片薄，早春易卷叶，影响光合作用，适时定梢配合喷施叶面肥会缓解早春卷叶，促进光合作用。产量过高、果穗过大容易出现着色困难情况，可进行药物拉长处理，增加果穗着色度，提高商品价值。花前13d用50mg/L的GA_3拉长果穗，花前2d去除花序肩部2～4条较长分枝，适量剪除穗尖部分，花穗长度留10cm左右。适时多次疏果、定穗，定穗后按16cm长度整穗，成熟后果穗长23cm左右。

3. 无核白鸡心

品种来源：中熟欧亚种，美国引进，亲本为Gold与Q25-6。

果实特征：果穗大，果粒长卵圆形，无核，果皮底色绿，成熟时淡黄色，自然粒重4～5g，经激素处理后平均粒重8～10g，每穗重700～1 200g。果皮薄，韧性好，不裂果，果肉硬脆，可切成薄片，可溶性固形物含量14％～16％，酸度低，略带草莓香味，果皮不易分离，可带皮食用，清香爽口。

栽培学特征：生长势中等偏旺，结果枝率40％左右，坐果率高，果实耐贮运性中等，抗病性较差。

栽培要点：无核白鸡心长势较强，宜棚架栽培，为防止树体郁闭，适当稀植，株距1～1.2m、行距4.5m左右为宜，同时要做好夏季修剪工作。由于无核白鸡心结果部位容易外移，冬季修剪时，以短梢修剪为主，间隔留预留枝。萌芽后及时抹去双芽、过弱芽。新梢长出后，选留营养枝及结果枝，去除过多枝条，新梢要及时摘心，营养枝留6片叶摘心，结果枝留8片叶摘心。摘心后基部副梢一般去除，留顶部2个副梢，并连续2叶摘心处理。枝间距 18cm 左右，壮枝可留 2 穗，中庸枝留 1 穗，弱枝不留。在幼果后期用低浓度 GA_3 处理，促使果实膨大。花后激素处理不宜过早，以免幼果产生果锈。幼果期及时疏粒，每穗留果 70 粒左右。

4. 夏黑无核

品种来源：早熟欧美杂交种，日本山梨县果树试验场由巨峰×二倍体无核白杂交育成，1997 年 8 月进行品种登记，1998 年引入我国。

果实特征：果穗圆锥形或有歧肩，果穗大，平均穗重 420g 左右，果穗大小整齐，果粒着生紧密。果粒近圆形，自然粒重 3.5g 左右，经 GA_3 处理后可达 7.5g。果皮紫黑色，果实容易着色且上色一致，成熟一致。果粉厚，果皮厚而脆。果肉硬脆，无肉囊，果汁紫红色，可溶性固形物含量 20%，有较浓的草莓香味。

栽培学特征：植株生长势强旺，芽眼萌发率 85%，成枝率 95%，每个结果枝平均着生 1.5 个花序。隐芽萌发枝结实力强，丰产性强。在江苏张家港地区 3 月下旬萌芽，5 月中旬开花，7 月下旬果实成熟，从开花至果实成熟需 110d 左右，属早熟无核品种，抗病性强。

栽培要点：夏黑长势强，扦插苗、嫁接苗都可以栽植，可采用 H 形水平棚架，株行距 3m×（4～6）m；T 形水平架，株行距为 2m×（3～6）m。夏黑葡萄萌芽后抹去双芽、多头芽、过弱芽。当新梢生长至超过 10cm 时，应尽快进行定梢，抹除瘦弱、多余营养枝和花序发育不好的结果枝。新梢按 20cm 间距定梢。开花前新梢留 10 片叶进行摘心，主梢摘心后顶端发出的副梢留 3～5 片叶摘心，主梢生长到两枝相对后，对发出的副梢连续 2 叶摘心。夏黑坐果率高，果粒着生紧密，在花前 7d 进行疏穗，可留穗尖 5～8cm。夏黑葡萄是三倍体无核品种，自然生长果粒较小，使用植物生长调节剂处理可增大果粒，有利于增产和提高商品价值。果实处理后及时疏穗，留果 70～80 粒。

5. 红宝石无核

品种来源：晚熟欧亚种，美国加利福尼亚州用皇帝与 Pirovan 075 杂交培育。

果实特征：果穗大，一般重 850g，最大穗 1 500g，圆锥形，有歧肩，穗形紧凑。果粒较大，卵圆形，平均粒重 4.2g，果粒大小整齐一致。果皮亮红紫色，果皮薄，果肉脆，可溶性固形物含量 17%，含酸量 0.6%，无核，味甜爽口。

栽培学特征：生长势强，萌芽率高，每个结果枝平均着生花序 1.5 个，丰产，定植后第 2 年开始挂果。果穗大多着生在第 4、5 节上。抗病性较差，适应性较强，对土质、肥水要求不严。果实耐贮运性中等，果穗较大，易感染白腐病，自然生长的果粒较小、果粒紧密，成熟期遇雨容易裂果。

栽培要点：红宝石无核生长旺盛，宜采用棚架或 Y 形篱架整形，中、短梢修剪。果粒着生紧密，可于开花前用 GA_3 拉长花穗，用 GA_3 及环剥增大果粒。花穗分离期，用 5mg/kgGA_3 浸蘸或微喷花穗，拉长花穗，减少疏果用工及后期白腐病的发生。生理落果后，用 2mg/kg CPPU+25mg/kg GA_3 浸蘸果穗，增大果粒、增重果穗。

6. 克瑞森无核

品种来源：晚熟欧亚种，美国加利福尼亚州采用皇帝与 C33-199 杂交培育而成。

果实特征：果穗中等大，圆锥形，有歧肩，平均穗重 500g，穗轴中等粗细。果粒亮红色，有白色较厚的果粉。果粒椭圆形，平均粒重 4g，纵径 2.08cm，横径 1.66cm，果梗长度中等。果肉黄绿色、细脆、半透明，果刷长，不易落粒。果皮中厚，不易与果肉分离，果味甜，可溶性固形物含量 19%，含酸量 0.6%。

栽培学特征：该品种生长旺盛，萌芽力、成枝力均较强，主梢花芽分化差、副梢易形成花芽，植株进入丰产期稍晚。着色差、抗病性差，易感染白腐病。在北京地区 4 月上旬萌芽，5 月下旬开花，9 月上旬成熟，果实耐贮运。

栽培要点：克瑞森无核自根苗生长势强，树势旺，适于在无霜期超过165d、管理条件良好的干旱和半干旱地区栽培。可选用大、小棚架，T形架、V形架栽培，适合缓和树势，利于花芽分化，中、长梢结合修剪。栽培中要注意控制树势，防止生长过旺影响结果和产品质量。结果后可采用环剥与GA_3处理等方法促进果粒增大。花穗分离期，用5mg/kgGA_3浸蘸花穗，可以拉长花穗1/3左右，减少疏果用工及后期白腐病的发生。膨大处理分2次进行，第1次于盛花期用25mg/kg的GA_3微喷或浸蘸花穗，第2次于盛花后7d用50mg/kg的GA_3处理，可增大果粒50%左右。

7. 喜乐无核（希姆劳特）

品种来源：早熟欧美杂交种，美国纽约州农业实验站1952年以安大略×无核白为亲本育成。

果实特征：果穗较小，平均穗重200～250g。果粒较松散，椭圆形，经GA_3处理后果粒重3～4g。果皮黄绿色，果肉柔软多汁，果皮较薄。果实充分成熟后，可溶性固形物含量16%左右，有淡草莓香味。

栽培学特征：树势旺盛，结实力中等，产量稳定，充分成熟后容易落粒。在南京地区7月中旬成熟，为极早熟品种。一般每667m^2产量控制在1 000～1 250kg。抗病性强于巨峰，高抗黑痘病、霜霉病等，且不裂果。

栽培要点：栽培上选择棚、篱架均可，中、短梢混合修剪。可于坐果后用100mg/kg的GA_3浸蘸果穗，增大果粒，提高商品性。

8. 甜蜜蓝宝石（月光之泪）

品种来源：中熟欧亚种，美国一家胚胎挽救技术繁殖无核品种的机构拥有专利，由International Fruit Genetics公司和阿肯色大学等共同开发推广。

果实特征：单穗重约1 000g，自然无籽，果粒不用激素膨大处理也能达到10g左右。果粒长圆柱形，状如小手指，长5cm左右。果色蓝黑，着色快速而均匀。刀切成片，风味纯正，脆甜无渣，可溶性固形物含量约20%。果粒不拥挤，无破粒，疏果省工。果刷坚韧，成熟后不易掉粒。挂树1个月以上，耐贮运。

栽培学特征：生长旺盛，穗大且易着色成熟。山东北部地区，4月上旬萌芽，5月下旬初花，5月底盛花，6月中旬第1次幼果膨大，8月中旬果实开始着色，8月下旬成熟。果粒抗炭疽病、黑痘病、白腐病和白粉病，但叶片不抗霜霉病。

栽培要点：饱满的花芽位置前移，宜超长梢修剪并采用小龙干整形技术，由于叶片不抗霜霉病，宜棚内栽植或避雨栽植。

三、国外葡萄新品种

1. 棉花糖

品种来源：美国一家胚胎挽救技术繁殖无核品种的机构拥有专利。

果实特征：果穗大，圆锥形，穗重600g，果粒大，椭圆形，粒重8g。果皮黄色，中熟，香甜多汁，有特殊棉花糖的味道。

栽培学特征：耐贮运，丰产性强，产量高，在美国和英国受欢迎。

2. 富士之辉（黑色阳光玫瑰）

品种来源：日本志村葡萄研究所以阳光玫瑰为母本、魏可为父本杂交育成。

果实特征：果穗大，圆锥形，平均穗重600g，最大穗重1 000g以上，果实形状近似阳光玫瑰，平均单粒重10g。可溶性糖含量24%～25%，果皮紫黑色，稍有涩味，果肉脆，多汁。

栽培学特征：富士之辉具有树势中庸、不裂果、抗病性强、栽培容易等优点，在日本8月中下旬成熟。

3. 午夜美人

品种来源：极早熟无核品种，美国育成。

果实特征：比夏黑早熟10～15d。极丰产，品质优，果穗圆锥形，平均穗重800g左右，果实着生松紧适度。果粒椭圆形，平均粒重8g，完全成熟时果实呈蓝黑色，果粉多，含糖20%以上，果肉硬脆，耐运耐贮，可冷藏1个月以上。

栽培学特征：花芽分化极好，结果系数高，特别丰产。种植比较简单，不用赤霉酸处理。

4. 夏日阳光

品种来源：美国育成。

果实特征：自然粒重7～9g，穗中等大，均匀，圆锥形，穗重800g以上，果粒着生较紧密。果粒长椭圆形，深黑色有果粉，果肉硬而脆，用刀可切片，是可以不用任何激素处理的极早熟无核葡萄。可溶性固形物含量19%～20%。果实极耐贮运，不落粒，充分成熟后，可挂树长达60d。

栽培学特征：植株长势中等，适合篱架或小棚架栽培。

5. 奥菲利亚

品种来源：极早熟无核品种，显著早于弗雷无核，是20世纪90年代意大利Vitoplant公司以Perlon与Regina杂交育成，2004年申请欧洲专利。在意大利艾米利亚罗马涅大区、普利亚区和突尼斯等种植面积较大，深受市场欢迎。

栽培要点：花芽分化好，坐果很紧，需要花序拉长处理。歧肩穗太大，像一个小果穗，最好去掉。预冷后运到东南亚落粒现象比较严重。在意大利主要使用小包装销售。

第三章 建园与种植

一、建园前的调查与规划

（一）环境调查

葡萄园选址对环境条件要求较高，选址时应尽量避开污染源，比如排污、排烟的企业和大量使用过除草剂的地块，避免选择曾重茬多年种植易感染土壤根结线虫的果树（如桃）或一年生经济作物（如花生、黄瓜、番茄等蔬菜）的地块，这对葡萄安全生产尤为重要。且在选址时应注意与交通干道保持一定的距离，以免受烟尘等污染。

1. 交通

应尽量选择交通便利的区域建园，以便于农机肥料与葡萄的运输，降低运输成本与损耗。避免选择狭窄的山沟、山谷和风口。观光采摘葡萄园要靠近城镇人口集中区或风景区，以便汇聚人气，合力促进营销。

2. 水源

葡萄喜水但怕久涝，所以在建园时不但要考虑到地下水位的问题，还应避开地势低洼的位置，以避免果园积水。地下水位过高的地块土壤湿度过高，不适合种植葡萄，地下水位过低的地块土壤蓄水能力差，也不适宜种植葡萄。地下水位在1.5～2m为最佳。如果地下水位离地面很近（＜1m），则需要限根栽培，排水良好的情况下也可以起高垄种植。

3. 光照

建园需要选择地势开阔、向阳的地块。葡萄属于喜光植物，在光照充足的条件下光合作用强，葡萄会生长得更好，主要表现在叶片浓绿有光泽，植株粗壮生长快，花芽分化充实，果实着色好。在光照不足的条件下葡萄生长速度缓慢，叶片无光泽，花芽分化差，落花落果现象严重，果粒的着色不良，成熟期延后，果穗重量小，糖度低。

光照强度受地势影响较大，在阳光充足的山坡上，葡萄的生长发育要比在阴面的斜坡上好。尤其是在设施栽培中，光照问题更加突出，往往需要铺设反光膜或安装补光设施补充光照。

不同葡萄种和品种对光周期的反应不同，欧洲葡萄对光周期不敏感，美洲葡萄在短日照条件下的新梢生长和花芽分化受到抑制，枝条成熟快。

浆果需要光线直接照射才能充分着色的品种称为直光着色品种，如玫瑰香等欧亚种品种；浆果不需要直射光也能正常着色的称为散光着色品种，如巨峰、夏黑无核等欧美杂交种。因此，从浆果着色需光特性的角度出发，不同品种可通过调整架式、叶幕形及留梢量来改变光照。

4. 温度

葡萄是温带落叶果树，属于喜温植物，在不同生长时期对温度要求不同。当春季气温达到 7～10℃时，树液开始活动；温度达到10～12℃时开始萌芽。在植株生长、花芽分化、开花和结果过程中适宜的温度是 5～30℃。低于 10℃时新梢不能正常生长，低于14℃时葡萄不能正常开花和授粉受精，在偏冷的条件下，葡萄成熟偏晚，采收期延迟。葡萄成熟的最适温度是 28～32℃，低于 14℃时，果实成熟缓慢。大陆性气候条件下，冬季极端气温低于－15℃的地区需要对葡萄进行越冬防寒处理。夏季气温高于 35℃时，植株呼吸强度大，营养消耗过多，果实品质下降。在 40℃以上时还会对果实造成日灼，并影响到第 2 年葡萄植株的生长发育。此外，昼夜温差对葡萄的养分积累有较大影响，温差大时浆果含糖量高，一般温差在 10℃以上适宜果实发育。

5. 湿度

我国葡萄栽培区存在着2种截然不同的气候类型，一种是常年大气干燥度很高的区域，如西北干旱半干旱地区，以新疆为典型，包括甘肃及宁夏，这里空气湿度小，依赖水分传播的真菌病害比较少，葡萄生产高度依赖灌溉；另外一种是季节性干燥的气候，既有西南亚热带地区的干湿两季气候类型，也有北方内陆四季分明的气候类型，夏季雨热同期是共同特征，高温伴随着高湿，不但会造成枝条徒长，也非常容易造成真菌性病害的爆发，因此叶幕管理和病虫害防治的工作压力很大，而冬春季节长时间的干燥天气，经常发生葡萄抽条现象，灌溉不及时往往造成生长发育迟滞。

（二）地形地貌及土壤要求

1. 坡向坡度

葡萄喜光、喜温，选择南坡为宜。不同坡向所形成的小气候有明显差异，一般南坡、东南坡和西南坡获得的太阳光热量大，北坡、东北坡和西北坡则比较冷凉。

适宜葡萄栽培的坡度为5°～20°，斜地坡度太大，不但容易造成水土流失，机械化作业也很困难。结合果园生草，解决因坡度造成的水土流失问题是山地丘陵种植葡萄的重要内容。

2. 土壤性状

适宜葡萄栽培的土壤类型为疏松透气的壤土。沙土类土壤通气性能最强、透水性能最强、保水性能最差。黏土类土壤通气性能最弱、透水性能最弱、保水性能最强。沙质土壤的通透性强，夏季辐射强，土壤温差大，葡萄的含糖量高，风味好，但缺乏土壤有机质，保水保肥力差。黏土的通透性差，易板结，葡萄根系浅，生长弱，结果差，有时产量虽高但质量差，一般应避免在重黏土中种植葡萄。从表土至成土母质之间的厚度越大，则葡萄根系吸收养分的体积越大，土壤积累水分的能力越强。葡萄园的土层厚度一般以80～100cm为宜。

土壤紧实度影响葡萄根系的分布范围和活力。葡萄是肉质根，喜好团粒结构良好的土壤。土壤结构好的特征是，孔隙度为10%左右，疏松透气的同时又有较强的保水保肥能力。保持土壤含水量60%～70%最适宜葡萄生长，低于35%的干燥土壤会抑制葡萄正常生长，长时间高于85%会使葡萄根系窒息，影响肥水吸收并加重病害的发生。

3. 土壤化学成分

土壤化学成分对葡萄植株营养有很大意义。由植物残体分解形成的土壤有机物质可促进形成良好的土壤结构。葡萄在果树中属于耐盐碱能力较强的果树，一般pH为6～7.5的环境中，葡萄生长结果较好；在酸性过大（pH接近4）的土壤中，生长显著不良；在碱性比较强的土壤（pH为8.3～8.7）中，容易出现黄叶现象。因此pH过酸或过碱的土壤需要改良后才能种植葡萄。土壤中的矿物质主要是氮、磷、钾、钙、镁、铁、硼、锌、锰等，这些均是葡萄的重要营养元素，它们以无机盐的形态存在于土壤溶液中时才能为根系吸收利用。此外，在土壤溶液中还存在一些对植物有害的盐分，包括碳酸钠、硫酸钠、氯化钠及氯化镁等，这些盐分积累的多少决定了土壤盐碱化的程度。

二、现代化建园技术

（一）道路

园区道路由主路、干路、支路、小路组成。主路一般宽6～8m，便于大型运输汽车正常行驶，内贯穿全园，外连接公路，便于运输产品、生产资料等；干路一般宽4～6m，可通行中型汽车、农业机械等，是地块区间的分界线；支路一般宽3～4m，连接各区间的干路，便于通行小型运输车、农业机械等；小路一般宽2m左右，贯穿葡萄行，为区内的小路，便于小型运输车、小型机械和管理人员通行，通常100m设置1条。

(二) 整地

整地时要因地制宜，区别对待。结合整地改良土壤，根据规模、地形、土壤、光照和小气候条件进行整地，划分区域。3～6hm^2 为 1 个小区，10～20hm^2 为 1 个中区，30hm^2 以上为 1 个大区。地块的形状为长方形，以便于机械化管理。整地的同时要设计规划道路系统，便于机械通行、生产资料和产品运输。

1. 平整土地

北方一般在前一年的秋冬季节平整土地，对土地“耕（翻）而不耙”，以便冻垡、晒垡，促进其风化。如果是黏重土壤，可在土壤里适当掺一些沙土，以改善其黏重性；如果是沙质土壤，且土壤下层有黏质间层，可对其进行深耕，将黏质土层翻上来，以增强表层的黏性；如果附近黏土丰富，也可适当客土，掺黏改沙。土地较平整且土层厚实的地块应深耕 50cm 左右，土层贫瘠的地块开沟深度则需要达到 80cm 以上。

山地应结合整地，修筑梯田、平整地面，尽可能加厚土层，以利于保水、蓄水，并注意清理梯田内的石块、植物根系，扩大苗木根系的营养空间。低洼易涝、返碱的地块，整地时要与修筑台田、开掘排水沟等工程措施结合，注意抬高地面和降低地下水位，深耕、细耙，降低土壤表面蒸发量，减轻地下水和盐碱的危害。

梯田与漫坡要遵守等高整地原则，尽量按照等高线原则挖坡整地，分段挖建小梯田，顺着山势的高低从上到下挖建成多个阶梯式小梯田。山坡陡峭、地形复杂的地域，不适宜建大梯田，应依据等高原则挖建分段式的小梯田，梯田宽度尽可能加大，更有利于水土保持和方便田间行走，每个小梯田外高内低，外沿打上田埂，以防水土流失。内沿与排水沟连接排水，整个地块不仅要有相通的主路，各个梯田之间也要留有 3m 以上小路，便于机械化与行走，方便施肥、打药、管理、采摘果实。

2. 局部改良土壤

果园土壤有机质偏低是我国果园目前存在的普遍问题。果园土壤有机质含量应在1.5%以上，最好达到5%，但现在多数园区的土壤有机质含量平均不到1%。

葡萄是多年生植物，由于在定植以后再进行土壤改良有局限性并且复杂困难，因此在栽植前必须进行土壤改良，打破板结层，增加有机质，改良土壤的理化性状，提高土壤的肥力和保水保肥能力。

葡萄园的土壤深翻应在栽植前2～4个月进行，最好在前一年秋冬季进行，有利于底土的冬季风化和土壤的沉实，并能积蓄较多的雪水。土壤改良的主要环节就是增施有机肥，因此必须加大土壤改良增施有机肥的力度，结合土壤深翻施入基肥，每667m^{2}施生物有机肥或完全腐熟好的动物粪3 000～5 000kg。山地酸性土壤每667m^{2}加消石灰100kg；平原碱性土壤加石膏30～40kg或硫黄10～20kg；重黏土质加适量河沙。

3. 修建排灌基础设施

确定排水沟的沟深要了解园区地下水位的高度，沟宽应了解雨季雨量，根据地势确定沟宽，以保证雨季地表不积水到隔日，地下水位不超过80cm。因此葡萄园的排水工程要根据地形地貌进行施工。可设置明沟或暗沟进行排水，明沟排水是在地面上按园区道路分布挖明沟，最好做到一路两沟，沟沟相通，以排除地表径流或地面积水。山地梯田化的葡萄园中，排水沟应在梯田的内沿挖，明沟排水的优点是建造成本低，排水快，容易清理。暗沟排水是在地下埋设暗管，地表积水处留下水口，优点是不占用土地，不影响机械操作，缺点是费用高，容易淤塞。

（三）栽培模式

1. 露地栽培

露地栽培是葡萄生产最基本的栽培方式，也是其他各种栽培方式的基础。我国北方一般葡萄品种都采用露地栽培，但在我国南方多雨地区，露地栽培只能选择抗病性较强的欧美杂交种或种间杂交种，如摩尔多瓦、红瑞宝等，优质的欧亚种由于雨水易带来严重病害，而在露地的栽培方式下难以取得成功，因此只能选择避雨栽培。

2. 避雨栽培

避雨栽培是利用简易的设施塑料薄膜覆盖，防止降雨对葡萄生长和结果的影响，从而保证葡萄正常成熟的一种特殊栽培方式。因地制宜地采用避雨栽培措施能明显减轻降雨对葡萄的影响，减少病害发生，提高果实安全品质和商品品质，是一项能显著提高葡萄经济价值的方法。一般建议在当地年降水量大于600mm、葡萄花期有阴雨天或梅雨季、葡萄从转色到采收为雨季的地区，推行避雨栽培。避雨设施减少了雨水带来的病害，因此在品种选择上有更大的空间，可以选择品质好的欧亚种增加效益。

避雨棚的种类及建造应根据葡萄栽植行距的宽窄和选用的架式而定，一般棚的间距不能低于40cm，利于通风排水。棚下缘宽2～2.8m，棚高2.4～2.6m，棚长50～100m，适用于行距3m的篱架葡萄园。建棚时不另立棚柱，定做长度为3～3.5m的水泥柱。棚顶与棚边用粗钢丝或细钢管连接固定，用竹片或钢丝做成弓形，每间隔50cm固定在棚顶和棚边的钢丝或钢管上。上面覆膜，每隔50cm用压膜线固定。水泥柱顶端下面60cm处中心留一个直径为2.5～3cm的圆孔，从圆孔中穿进一根等径粗、2.8m长的镀锌钢管或钢筋作横梁。棚间要修好排水沟，以便及时排除积水。棚膜用聚乙烯膜、聚氯乙烯膜和醋酸乙烯膜均可，但以长寿、无滴、抗老化和透光性好的醋酸乙烯膜与聚氯乙烯膜最佳。窄棚棚膜厚度以0.03mm为宜，宽棚以0.05mm为佳。宜选透明膜，以利透光。根据当地气候情况，在进入雨季前覆膜。我国华中和江南地区，花期就进入阴雨天气，因此一般在花前进行覆膜，一直到采收后，不受霜霉病危害时再撤除薄膜。

3. 设施栽培

设施栽培按照目的不同分为促早栽培和延迟栽培。

促早栽培是指为了提早葡萄成熟上市期，而在不适合葡萄生长发育的寒冷季节，利用特制的防寒保温材料和采光性能好的保护设施，通过早期覆盖等措施，人为地创造适合葡萄植株生长发育的小气候条件，提早葡萄发芽、开花和成熟时间，使果实提前上市供应淡季销售，提高葡萄种植效益的一种栽培模式。由于这种栽培模式改变了葡萄生育期的进程，使葡萄各个物候期提前，故又叫葡萄反季节栽培方式。进行葡萄促成栽培应选择需求量少的早熟品种，如早霞玫瑰、早黑宝、碧香无核等。根据升温催芽的时间和采用的设施不同，葡萄促早栽培分为冬促早栽培、春促早栽培、秋促早栽培。

冬促早栽培，根据当地气候条件和保温能力确定升温时间，一般比当地露地时间提前100d左右。葡萄品种一般选择适合短枝修剪、需冷量少、花芽容易形成、耐温室高温、高湿的早熟品种，如夏黑无核、火焰无核、瑞都香玉、早黑宝、无核翠宝等。春促早栽培，常选用塑料小拱棚、大拱棚等简易塑料棚，因没有防寒覆盖物和增温设施，所以升温时间要比冬促早温室栽培晚60d左右，一般葡萄品种都有足够的时间能满足需冷量，因此葡萄品种选择相对广一些，可选择夏黑无核、碧香无核、喜乐无核、无核白鸡心、蜜光、无核翠宝、阳光玫瑰等。秋促早栽培是利用葡萄品种特性生产二次果的栽培方式，选用具有保温性能的温室大棚，选择一年能多次结果的葡萄品种，运用科学的栽培措施，通过夏剪促使副梢上夏芽萌发花穗或促使葡萄当年主梢上的冬芽萌发抽生新枝和花穗，形成二次果，成熟期一般掌控在元旦至春节前后，提高经济效益，品种可选择夏黑无核、无核白鸡心、瑞都科美、阳光玫瑰等。

延迟栽培是指利用日光温室或塑料大棚进行增温和保温，前期春季气温回升时利用棉被覆盖、设备制冷、放置冰块等人工降温措施，在预期时间前使棚内保持10℃以下，延迟葡萄萌发抽生新枝和开花；发育后期通过覆盖防寒延迟葡萄的生育期，使葡萄延迟采收，供应淡季上市，提高葡萄的经济效益。从市场需求看，延迟栽培将会逐步得到发展和应用。延迟栽培葡萄品种可选择晚熟品种如克瑞森无核、秋红、红地球、阳光玫瑰等。

（四）葡萄园架材埋设

1. 株行距

株行距取决于架式、品种、立地条件、机械化作业、埋土防寒等因素，行距根据栽培架式进行选择，篱架采用的行距为 2～3m，棚架的行距为 4～8m。株距根据架式、葡萄品种特性来确定，一般篱架种植株距 1～2m，棚架种植株距 2～6m。葡萄品种长势弱应适当密植，长势强旺应加大株距。

2. 行长与行头

葡萄行的连续长度不应超过 100m，以免喷药机械行内断药，行长过长也会导致人行走与搬运的不便，应在 50m 左右形成断口，做区内临时小道，方便行人与三轮车等穿过。

篱架葡萄栽植以南北行向优于东西行向，尽可能避免东西行。棚架栽植就不用考虑方向问题，地块长边方向作为栽植行向。

葡萄行的两头应与防护林或永久性排水沟、渠、坝等障碍物相距 4m 以上，以便机械拐弯掉头，或根据订购机械长度确定行头回旋宽度。边行架与两侧障碍物之间的距离也应要和行距等宽，不低于 3m。

3. 架材

葡萄园的架材主要由立柱、铁丝、锚石 3 部分组成，V 形叶幕需增加横梁。架材是建园投资中主要支出之一，立柱多采用水泥柱、钢管、木柱等，可以本着坚固耐用、经济实惠的原则就地取材。

水泥柱经济耐用，规格灵活性大，是建园理想的材料。水泥柱截面为 10cm×12cm 或 10cm×10cm、长 2.5～3m，避雨或支撑防鸟网，高度在 3.5m 左右。边柱受力多，因此需要规格适当加粗。钢管架材易于造型，但成本高。一般选用 DN50（2 寸* 管）、DN65（2 寸半管）圆管或截面为 3cm×3cm、3cm×5cm 的方管，壁厚1.5～2.5mm。作为立柱的长度 2.5m，如兼用支撑防鸟网可以适当放长到 3m。木柱选用质地坚固不易腐朽的杉木、柏木或松木为好，为延长木柱使用年限，埋土部分可用沥青浸泡或用火将木柱表层烧焦，也可在 2%～6%的硫酸铜溶液中浸泡 14d 左右。

避雨棚横梁一般选用 DN50（2 寸管）、3cm×3cm 三角铁或直

---

* 寸为非法定计量单位，1 寸≈3.33cm。——编者注

径 5～10cm 的竹木等。架设枝条一般选用 12～14 号铁丝或 0.3～0.5mmPET 塑钢丝。

4. 架材布局

篱架直立叶幕立柱：通常沿栽植沟的中线每隔 4～6m 架设 1 根立柱，在立柱上牵引铁丝，第 1 道铁丝负载量大，选用 12 号铁丝应距地面 60cm。第 2 道铁丝间隔 40cm，便于及时引绑萌发的嫩梢，以防风折。以上每间隔 40～50cm 拉 1 道，可用 14 号铁丝，2m 高的立柱一般需拉 3～4 道铁丝。两端的立柱承受拉力较大，应选用较粗的立柱，栽立时要向外倾斜，并用锚石固定，或直立架设，在内侧用支柱外撑，不妨碍通行。

篱架 V 形叶幕 Y 形立柱：通常沿栽植沟的中线每隔 4m 架设一根焊接好的 Y 形钢管立柱，Y 形钢管顶端可焊接弧形圆管，可作为避雨棚的骨架，也可以作为防鸟网的支撑架。Y 形钢管立柱埋设时要用混凝土浇筑，混凝土最好高出地面 10～20cm，以延长钢管使用寿命。主架可选用 3cm×3cm 的方管焊接，弧形架可用直径 25mm 圆管连接。Y 形架高度 1.85m，Y 形架顶端 V 形钢管相距 1.2～1.5m，具体宽度要视行距宽度而定，两行架顶端相距不能低于 60cm。第 1 道铁丝拉在 Y 形三角分叉处，两侧钢管上分别相隔 40cm、50cm 自下而上拉 3～4 道铁丝。

篱架 V 形叶幕双十字形立柱：由 1 根立柱、2 根横梁和 5 道铁丝组成。柱距为 4m，行距不能小于 2.5m，每根立柱捆绑 2 根横梁，下横梁长 60cm，架在离地面 140cm 的立柱上，上横梁长 100cm，架在离地面 180cm 的立柱上，另作为避雨横梁时，长度要根据行距再加长些。也可用铁丝横拉代替横梁，这样造价更低，更易操作。离地面 100cm 处，立柱两边及 2 道横梁两端各拉一条铁丝，共拉 5 条铁丝。

棚架水平叶幕：架高一般 1.8～2.2m，行距 4～6m，是把葡萄园一个小区种植面积的棚架面呈水平状连接在一起，实际就是将数排立柱的顶端连接在一起。架式结构：每隔 4～5m 设 1 根立柱，呈方形排列，立柱高 2.2～2.5m。四边的立柱较粗，呈 45°角向外倾斜埋入地内，并利用锚石使立柱和其上的牵引骨干线拉紧固定。骨干边线负荷较重，可用截面为5cm×5cm方管，内部骨干线用双股12号铁丝，其他纵横线、分布在骨干线上的支线用12～14号铁丝，支线间距离以50cm为宜。

三、栽植与高接技术

（一）苗木准备与处理

定植前要用杀菌剂和杀虫剂对苗木进行消毒。可用70%甲基硫菌灵与2%阿维菌素800倍液进行杀菌和杀虫，怀疑有根结线虫时也可以用阿维菌素与吡虫啉按1∶1混合后，稀释800倍，浸泡苗木15min。冬前购进的苗木要妥善越冬贮藏。种植前根据苗木含水量用清水浸泡12～24h，对根系进行修剪，根据定植方式保留10～20cm。干旱缺水的葡萄园必要时用含有生根剂的泥浆浸蘸，然后定植。

（二）定植

葡萄苗在秋季落叶后到第2年春季萌芽前都可以定植。秋栽在落叶前后进行，最晚在土壤结冻前完成。秋栽成活率高，但也增加了埋土防寒的工作，其优点是苗木根系在当年即可恢复，并能长出部分新根，有利于第2年春季及早萌芽和生长。春栽可在地温达到7～10℃时进行定植，由于春栽的葡萄苗是先发芽后发根，所以时期愈晚，生长愈差，成活率也愈低。

1. 平畦定植

葡萄平畦种植模式一般适用于埋土防寒地区，便于埋土和撤除防寒土；适用于地下水位深、降水量少的干旱半干旱地区；适用于设施大棚栽培等。葡萄平畦种植模式需结合水肥一体化技术，来保障葡萄生育期的水肥供应。

2. 起垄定植

设施种植、非埋土地区和种植抗寒性的葡萄品种、地下水位浅的地块可起垄栽培。翌年土壤解冻后，由机械或人工进行扶垄，取行间表层土起垄，高20～40cm、宽60～100cm。

3. 沟植

葡萄沟植一般用于防寒埋土厚度大的寒冷地区和地下水位深、降水量少的干旱半干旱地区。

（三）根域限制定植

根域限制技术属于水肥精准的一种新型栽培技术，利用物理或生态的方式将果树根系控制在一定的空间内，通过控制根系生长来调节地上部的营养生长和生殖生长，是近年来果树栽培技术领域一项突破传统栽培理论、应用前景广阔的前瞻性新技术。它具有肥水高效利用、果实品质显著提高和树体生长调控便利的显著优点，在提高果实品质、节水栽培、有机栽培、观光果园建设、山地及滩涂利用和数字农业、高效农业、智慧农业等多方面都有重要的应用及推广价值。

1. 根域限制形式

沟槽式限根形式是挖深80cm、宽100cm的定植沟，在沟底再挖宽15cm、深15cm的排水暗渠，用厚塑料膜铺垫定植沟、排水暗渠的底部与沟壁。排水暗渠内可埋设渗水管道或填充粗沙与砾石（根据当地材料选用），并和两侧的主排水沟连通，保证积水能及时流畅地排出。定植沟的底侧壁也可用无纺布代替塑料膜铺垫，由于无纺布具有透水性，不会积水，可以不设排水沟。每667m^2施6～8t有机肥，与熟土1∶8混匀回填沟内即可。

垄式限根形式可在设施葡萄栽培、多雨和无冻土层的地区、土层浅薄的丘陵山地（如多雨或有冻土层应结合设施栽培）应用。在地面铺垫塑料膜，上面堆积有机肥与熟土比例1∶8的营养土成垄，将葡萄树种植其上。垄的表面覆盖黑色塑料膜或银灰色塑料膜或黑色园艺地布，以保持垄内土壤水分和温度的稳定。垄的规格依栽培行距而定，行距8m时，一般垄的上宽1m、下宽1.4m、高0.6m。这种方式操作简单，但根域土壤水分变化不稳定，生长容易衰弱。因此，必须配备水肥一体化系统，及时补充水肥，保持葡萄中庸的生长势。

垄槽结合式一般在地上起垄高 0.4m 左右，地下开沟深 0.4m 左右，地上地下垄和沟的宽度根据种植行距而定。如行距 8m，沟宽与垄的下宽为 1m 左右，垄的上宽为 0.8m 左右。沟的铺设材料及方法参照沟槽式限根形式操作。

2. 根域限制的栽植技术

栽植密度的确定因树形及品种的不同而异，非埋土区和设施栽培可选择具有主干棚架形的 T 形架（株距 3m、行距 4m）或 H 形架（株距 3m、行距 6m）。埋土下架地区可选择斜干水平龙干形（株距 2m、行距 3m）。根据葡萄品种树势强弱合理选择株行距，成龄后视长势可逐年间伐。

根域容积根据株行距确定，株行距 4m×8m 的稀植棚架栽培根域容积约 $1.8m^3$，株行距 2m×6m 的栽培方式根域容积约 $1m^3$。

3. 根域土壤培肥

根域限制栽培土壤培肥非常重要，要通过一次性大量的有机质投入，改善土壤结构，提高土壤通透性和有机质含量。优质有机肥和土的混合比例为 1∶（4～6），有机质一定要和土完全混匀，禁止分层施肥。优质的有机肥是根域栽培的关键，选用的有机肥要充分腐熟完全。

（四）幼树管理要点

1. 肥水管理

葡萄苗木定植后一般 7～15d 浇 1 次水，待长出 4 片叶或出第 1 个卷须后开始用肥，前期以施高氮肥为主，中期施平衡肥，生长后期施高钾肥，结合浇水每 7～10d 每棵葡萄施肥 10g 左右。若安装了水肥一体化设备，可于葡萄苗木定植后隔 3～5d 随水滴灌水溶肥，做到小水、少肥，勤浇少施。落叶前应及早进行秋施基肥，每 $667m^2$ 施有机肥 3～4t。整个生长季，为促苗木生长与花芽分化，结合病虫防治可连续多次根外追肥，每隔 10～15d 喷 1 次磷酸二氢钾，浓度 0.3%～0.5%。

2. 引缚新梢

葡萄苗木定植后，根据架式和树形要求，及时插细竹竿或拉吊绳引缚新梢，当新梢长到25cm左右时，选留1个健壮新梢，去除其余萌发的新梢，待新梢生长到树形需要的位置时及时摘心，以促发副梢便于整形。

（五）砧木高接

1. 砧木种植

为了在葡萄栽培过程中提高树体的抗寒性及调控长势，可选择抗寒砧木提高嫁接部位、增加砧木干高、上部葡萄品种部分枝干简易防寒物包裹越冬，减少了埋土防寒的用工和对树干的折伤，既提高了工作效率又增强了葡萄的越冬能力。建园时根据选择的架式需要按株行距种植，种植后通过田间肥水和枝蔓管理，一般当年即可绿枝嫁接（彩图3-1）。

2. 砧木苗期管理要点

萌芽后新梢长至20cm高以后进行施肥浇水，每隔7～10d追施速效氮、有效磷、有效钾或速效水溶肥数次，一次每667m^{2}用10kg或每株用10g左右，并结合叶面喷肥。根据架式需要及时立杆引绑新梢，引导新梢向上并不断进行绑缚。待新梢长至预设嫁接部位高出10cm（约1叶）后进行主梢摘心，顶端1个副梢连续2叶摘心，主梢上萌发的副梢1叶绝后摘心。5月上旬至6月下旬，待砧木嫁接部位半木质化、接口直径大于0.25cm时进行绿枝嫁接。嫁接过晚抽生的枝不成熟，达不到木质化程度。高位嫁接时期决定于砧木生长到预设嫁接位置高度及木质化程度时间。

3. 接穗采集与工具选择

绿枝接绿枝的接穗选择无病、粗细适中的健壮枝条，用作接穗枝条上的卷须、果穗和副梢在接前20～30d摘除。接穗要随采随用。如果需要远距离采接穗时，可用湿吸水纸或毛巾包裹后，放广口保温瓶贮运，瓶内装冰块降温保湿，防止接穗失水。绿枝嫁接刀具用单刃剃须刀。

硬枝嫁接到绿枝砧木，硬枝接穗需在冬剪时选择无病、成熟度好、冬芽饱满、粗细适中的健壮枝条。枝条选留后将枝条剪成6芽一根，每10根扎成一捆，挂好标签，用50%多菌灵600倍液浸泡3min消毒。选择排水良好的背阴处，挖长方形坑沟，沟底铺20cm的沙，然后按顺序将成捆的枝条横放在沙上，每放一层枝条，铺5cm厚的沙，一般放5层枝条为好。用水冲沙灌实后，最上面一层覆盖20cm厚的湿沙，以后随气温变化上面增加覆土厚度。第2年春季气温上升后，在沟内取出枝条用水把沙冲洗掉，用洁净水浸泡8h，取出后用50%多菌灵600倍液浸湿吸水纸包裹单捆枝条，然后用保鲜膜或保鲜袋缠裹后，放3～5℃冰箱或冷库贮藏至嫁接时期。

4. 嫁接方式

绿枝嫁接，在预设嫁接位置处或在摘心点下第1、2片叶之间剪成平茬，平茬口中间用刀向下切3cm深的切口，切口要南北方向，插入接穗的芽朝南有利于生长。接穗冬芽要饱满圆实，去掉冬芽旁的副梢芽，再去掉冬芽下的全部叶柄。每个接穗长5cm，在接穗芽上端留1cm，下端留4cm，接穗芽下两侧1cm处各向下削2.5～3cm长的楔形斜面，削口要平整光滑。将削好的接穗插入砧木的切口里，对齐一侧的形成层，即对齐皮层，用宽1～1.2cm、长20～25cm、厚3mm的塑料条或用专用自粘嫁接带包扎砧木，自下向上缠裹绑紧，只露出芽。

硬枝嫁接到绿枝砧木，嫁接方法同绿枝嫁接，刀具可选择壁纸刀片或专用嫁接刀。

5. 嫁接后管理

嫁接前2～3d浇1次水，嫁接之后立即浇1次透水，以后见干及时浇水，施用氮磷钾多元素肥料。接后7～10d萌发新芽、新梢，及时摘除接穗上抽生的卷须及花穗。嫁接苗长到20～25cm长时，要及时绑缚，防止风吹倒伏。嫁接前去除砧木上所有的冬芽，嫁接后要及时抹除砧木上的萌蘖，3～5d检查抹除一次。嫁接后萌发的新枝按选择的树形进行整枝和摘心。随着新枝的生长和增粗，嫁接处绑缚的塑料条出现绞缢后，及时松绑除去，用单面刮胡刀顺划一刀，划痕深度到皮层即止，划后随即喷或涂10%苯醚甲环唑100倍液，防治嫁接口白腐病的发生。

第四章　葡萄园土肥水管理技术

土壤是葡萄根系生长的介质，为葡萄供应必需的营养元素、水分等，维持稳定的根系温度和湿度。土壤是一个天然的再循环系统，也是微小昆虫及微生物的栖息地，能吸纳和释放气体，满足植物根系的呼吸作用。因此，土壤状态很大程度上决定了葡萄植株的寿命、果实产量和品质。不同的土壤类型、土壤耕作方式及土肥水管理都对葡萄生长和果实品质产生重要影响，要达到葡萄的稳产、优质、高效益，需要有较高的土肥水管理技术。

一、土壤管理制度

葡萄园的土壤管理指的是葡萄园的土壤耕作制度及实施，依据不同区域气候环境及生长季节应运用不同的土壤耕作制度。常用的土壤管理制度包括清耕、覆盖和生草三大类。

（一）清耕

20 世纪 80 年代以前，中国的果园基本是清耕管理。葡萄园清耕是指除葡萄树外，园内不保留任何草类，保持园地干净的一种土壤管理制度（彩图 4-1）。清耕法有中耕除草法和使用除草剂的方法。采用清耕法的葡萄园，必须注意保墒并及时灭除草荒。除草应根据杂草群落发生规律，掌握除草时期和控制杂草发生量。

清耕主要有以下优点：

1. 提高地温

春季进行耕地松土，能使土壤疏松，提高土壤的受光面积，增强吸收太阳辐射的能力，还能使热量快速传向土壤深层，地温提升快。尤其在早春，中耕可以显著促进黏性土壤中葡萄的根系生长和养分吸收。

2. 增加土壤有效养分含量

土壤中的有机质和矿物质养分必须经过土壤微生物的分解后才能被作物吸收。土壤里有很多微生物为好气型，当土壤板结氧气不足的时候，微生物的活动比较弱，导致土壤里的养分不能充分分解和释放。松土之后土壤微生物会因为氧气充足而活动，从而有效地进行繁殖和氧化分解有机物，释放土壤潜在的养分，土壤养分的利用率有很显著的提高。

3. 调节土壤水分含量

在干旱的时候进行中耕，能切断土壤表层的毛细管，阻碍土壤水分向上运送减少蒸发。

清耕的缺陷：目前我国很多葡萄园区土壤管理仍以清耕为主，造成了人工浪费和土壤营养流失，导致葡萄果园生态退化、地力下降。清耕条件下，山坡地葡萄园的土壤容易受到雨水侵蚀，造成土壤和肥料的流失。清耕后，土壤中的有机质矿化速度快，有效养分消耗也快。土壤含水量和温度也不稳定，夏季高温期地温会急速上升影响根系的生长，以致0～20cm土层内根系波动大。

（二）覆盖

果园覆盖是一种较先进的土壤管理方法，适宜在干旱、盐碱和沙荒地等土壤较瘠薄的地区采用，有利于土壤水土保持、盐碱地减少返碱和增加有机质。葡萄覆盖栽培的传统方法是在葡萄树盘下覆盖作物秸秆、稻壳麦糠、锯末及杂草落叶等有机物料，现代的方法是覆盖塑料薄膜、地布等化学商品材料。

1. 秸秆等有机物料覆盖

将作物秸秆、稻壳或锯末等有机残余物料铺设在葡萄树下，待其腐烂分解后再不断进行补充。有机物料覆盖可以降低冬季根系冻害，减少土壤水分蒸发。雨季到来前翻耕入土，腐烂后增加土壤有机质含量。在葡萄园覆盖 2～3 年后，覆盖物腐烂使土壤中有机质和养分含量明显提高，有利于改善土壤理化性状，提高通气透水性，促进葡萄根系对肥水的吸收。

秸秆覆盖也有一些缺点：一是原料体积大，运输及覆盖费工；二是容易被风刮走，干燥期还有发生火灾的危险。另外，覆盖物为病原菌、害虫和鼠类提供了躲避场所。由于陈旧秸秆中含有大量病原菌和害虫虫卵，覆盖前应在烈日下摊晒 2～3d 或用石灰水喷洒消毒后再用。覆盖物厚度应在 15～20cm。由于覆盖物的分解和土壤微生物的生长，必须及时补充氮。

2. 地膜和园艺地布覆盖

该种方法是指用塑料薄膜或园艺地布将园地覆盖（彩图 4-2）。塑料薄膜已经推广应用了多年，其使用寿命短，需要每年更换，而近年兴起的园艺地布为黑色无纺布材质，优点是行间管理方便，布下遮光难生杂草，一般使用 3～4 年需更换。

覆盖的作用：一是保墒，地膜覆盖能较长时间保持土壤湿度，且土壤水分较为稳定。二是增温保温，试验资料证明早春果园覆膜后，0～20cm 土层的地温比不覆膜高 2～4℃。三是除草免耕，覆盖黑膜能遮挡阳光，减少葡萄树下杂草，不用除草。四是减少病虫害发生，许多病菌如白腐病和霜霉病的病菌可以在土壤中越冬，地膜能够阻隔土壤中的病菌孢子传播到植株上，从而抑制病害的发生。另外降低了田间湿度，也可以减少病害的发生。覆盖地膜能有效防止和隔绝食心虫、金龟子和大灰象甲等害虫入地越冬，对减轻来年虫害有明显效果。五是促进成熟，提高果实品质。地膜覆盖可以使早熟品种提前 7～8d 成熟，中熟品种提前 4～5d 成熟。银反光膜的使用可促进果实着色，提高果实品质。覆盖地膜需要注意选择较厚不易碎的地膜以免污染土壤，长期覆盖地膜容易造成土壤缺氧、根系上浮，建议在葡萄成熟采摘后及时把地膜揭去，以利于地面阳光杀菌，并带出葡萄园处理，同时配合施肥进行松翻土壤。

覆盖方法包括树盘覆盖和带状覆盖。覆盖时间和膜颜色、材料的选择因用途不同而不同，以保墒促长为目的的覆盖应在早春或干旱前进行；为促使萌芽早且整齐，在萌芽前15d进行覆盖，生长期还可减少多种病害的发生；以促进葡萄早熟着色和提高品质为目的的覆盖，应选择银白色反光膜。

（三）生草

在我国，葡萄园中的杂草通常通过除草剂或清耕来控制，生草的还是少数，一方面是习惯使然，图省工省事，另一方面农民还担心生草会与葡萄竞争水分和养分。此外，生草需要购买草种和机械，有一次性投资问题。然而，长期使用除草剂会导致多种杂草产生抗性，除草剂使用浓度越来越高，不但造成了土壤贫瘠板结，还直接对葡萄根系造成了伤害。葡萄园生草是葡萄园耕作制度的一项技术革命，是一项先进、实用、高效的土壤管理方法。在国外，自20世纪50年代就开始推行葡萄园生草，土壤有机质含量均在2%以上。我国葡萄园土壤有机质含量普遍较低，要缩小与发达国家之间的土壤质量差距，除在葡萄园中施用有机肥外，进行葡萄园生草也是一条重要途径。推行葡萄园生草，对提高土壤有机质含量、创造良好的生态环境、提高葡萄产量、改善葡萄果实品质有很大的作用。

生草法的好处：一是减少除草剂的使用，苜蓿和黑麦草等会抑制大多数冬季杂草的萌发和生长。二是增加土壤中有机质含量及无机养分有效含量。有研究表明，与使用除草剂相比，种植苜蓿和黑麦草3年后土壤表层10cm中的碳含量提高了20%。三是改善土壤物理性状，提高土壤微生物种群数量，土壤压实和表面紧实程度降低，水分更容易渗透到葡萄根部，从而有利于根系的生长和吸收。四是提高效益，如果使用适合当地的草种，生草葡萄园中葡萄产量与无草园相近或更高，但生产投入少，比清耕法节省劳动力。在澳大利亚巴罗萨谷的一块试验基地上进行研究表明，与除草剂对照相比，葡萄园生草后每年的毛利率每公顷增加1 600美元。生草在土壤水分条件较好、土层较深厚、缺乏有机质及水土易流失的葡萄园是一种优良的土壤管理方法。

葡萄园生草分为自然生草和人工生草。自然生草是在葡萄园行间、株间，任其自然生草，利用活的草层进行覆盖，再清除恶性草（直立生长、茎秆易木质化的草），人为调整草的数量及其高度。适时进行刈割，控制草的长势以缓和春夏季草与葡萄树争夺水肥的矛盾（彩图 4-3）。有些果农误解了葡萄园生草的含义，让杂草放任生长，不注意控草，给葡萄园管理带来了很大问题。一般情况下，一年刈割 3～4 次，灌溉条件好的葡萄园可多刈割 1 次。全园生草管理，割碎的草就地腐烂，也可以开沟深埋，与土混合沤肥。

人工生草是指人工全园种草或葡萄树行间带状种草。行间人工生草，在距离葡萄植株 30～50cm 的行间播种，行内覆盖或清耕。人工生草使用草的种类是经过人工选择的，用于葡萄园的草种应具备以下条件：高度较低、浅根性、产草量大、覆盖率高、需肥需水量少、与葡萄没有或具有很少相同的病虫害。常用的有三叶草、黑麦草、鼠毛草、野燕麦、紫云英、虎尾草、沙打旺、小冠花、百脉根、毛叶苕子、紫叶苋等。

葡萄园在生草播种前一年应该控制杂草，播种前清除葡萄园内的杂草。人工生草时间一般在春季或秋季，当土壤温度稳定在15～20℃以后进行播种。葡萄园人工生草播种量一般为 20kg/hm^2（每 100m 行长播种 600g）或更高。不同草种因种子大小不同可适当调整播种量，如白三叶草每 667m^2 播种 0.75kg、紫花苜蓿每 667m^2 播种 1.2kg、多年生黑麦草每 667m^2 播种 1.5kg 等。高播种量可以提高与杂草的竞争和对抗虫害的能力。条播、撒播均可，条播更便于管理，最好使用圆盘播种机进行播种。草种宜浅播，一般播种深度为 1～2cm，禾本科草类播种时可相对较深，一般为 3cm 左右。种植豆科植物时，可以选择液体根瘤菌菌剂喷施于土壤或者采用拌种的方式接种根瘤菌。良好的结瘤可以大大地提高牧草的固氮能力，改善土壤结构，提高土壤肥力。播种后最大限度地提高第 1 年的生长量、促进开花和结实，避免割草或放牧。生草第 2 年后，当草生长超过30cm时应及时刈割或碎草，刈割留茬5～10cm。割下来的草用于覆盖树冠下的清耕带，即生草与覆草相结合，达到以草肥地的目的。

二、施肥技术

施肥是葡萄园田间管理的核心内容之一，科学规范的施肥是葡萄优质丰产的保障。葡萄园肥料包括有机肥和无机肥2类：有机肥料亦称为农家肥料，凡以有机物质（含有碳元素的化合物）作为肥料的均称为有机肥料。有机肥种类多、来源广、肥效较长。其所含的营养元素多呈有机状态，作物难以直接利用，需经微生物作用，缓慢释放出多种营养元素。无机肥料也称化肥，具有纯度高、易溶于水、根系吸收快等特点，故又称速效性肥料。此类肥料用于生长期追肥，作为有机肥料的补充，具有十分重要的作用。

（一）有机肥料

有机肥料包括圈肥、厩肥、禽肥、饼肥、堆肥、人粪尿、土杂肥和绿肥等。有机肥料含有机质多，营养元素比较完全，故称完全肥料。多数有机肥要通过微生物分解才能吸收，具有迟效性，宜作建园用肥和基肥。有机肥料中，饼肥肥效最高，鸡粪次之，人粪尿腐熟后肥效快，可作追肥用。有机肥不仅能供应葡萄植株生长发育的营养元素，而且可以不断增加土壤肥力，为土壤微生物活动创造物质基础，改善土壤结构，有效地协调土壤中的水、肥、气、热，提高土壤肥力和土地生产力。

葡萄的根系分布深度在20～80cm，若按照20cm计算，每667m^{2}大概施用有机肥为3～4t。这仅是理论参考依据，另外有机肥的施用是一个持续性的补充，建议每年或隔年使用1次，这样可以有效改良葡萄园的土壤。如果是新建园，建议在建园挖沟过程中1次性补足3年的有机肥即每667m^{2}施10t左右，此后3年不需要再施用有机肥，降低了每年开沟施用有机肥的劳动力支出，3年过后每年持续补充。

（二）无机肥料

无机肥料，又称作化肥，包括氮肥、磷肥、钾肥和复合肥等。

1. 氮肥

氮是葡萄需求量最大的矿物元素。一般情况下，在1个生长季中，每生产1 000kg葡萄果实，葡萄树需要吸收3～6kg氮素。葡萄在花期和膨大期对氮肥的需求最大，此期间果实是最大的吸收库。施氮肥的最佳时期是霜冻过去后的晚春，在坐果后幼果膨大期施用氮肥可大量供应果实增大的需求。采收后是另一个施氮的关键时期，此时期氮的吸收和贮存可用于次年葡萄的生长。如果前一年树体贮备氮不足，将会严重影响早期的萌芽生长和花序的发育。葡萄生产上常用的氮肥有尿素、碳酸氢铵、硝酸铵、硫酸铵和氯化铵等。尿素施入土壤后，转化为碳酸氢铵或碳酸铵后才可被树体吸收。尿素适宜作基肥或追肥，还可用作叶面追肥，常用浓度为0.3%～0.5%。碳酸氢铵水溶液呈碱性，可以在较长时间内起到改良土壤酸化的作用，但碳酸氢铵不稳定，易挥发分解成氨气，造成氮素浪费。碳酸氢铵宜作追肥或基肥。

2. 磷肥

种植葡萄前进行土壤磷含量测定，若土壤含磷量低于10mg/L，则需要施磷肥（表4-1）。磷的移动性差，在土壤中极易转变为无效态贮存，当季利用效率低。一般情况下，在一个生长季中，每生产1 000kg果实，葡萄树需要吸收1～3kg P_2O_5。一般以全部磷肥施用量的50%～75%作基肥，其余作追肥。如果发现缺磷，酿酒葡萄可施用磷1～1.5kg（相当于2.6～3.44kg P_2O_5），制汁葡萄可施用磷2.2～3kg（相当于5.1～6.9kg P_2O_5）。研究表明在新梢旺长期和果实膨大期2次追施磷肥可满足摩尔多瓦葡萄磷素吸收，提高磷肥利用效率。常用的速效磷肥是磷酸氢二铵，其含氮16%～21%、有效磷（P_2O_5）46%～54%，因此使用时既补了磷也补了氮，不能当作单一肥料元素计算。用作基肥的磷肥有过磷酸钙、钙镁磷肥和磷矿粉等。过磷酸钙通常称为普钙，其主要成分为有效磷（P_2O_5），含量为14%～20%，易吸湿结块，可用作基肥、追肥和叶面喷洒；钙镁磷肥是常用的弱酸溶性磷肥，含有效磷为16%～18%；钙镁磷肥肥效不如过磷酸钙快，但后效期长，一般与有机肥混合后作基肥施用；磷矿粉含磷量为10%～35%，其中3%～5%的磷能溶于弱酸被果树吸收，其余为后效部分，能逐年转化被根系吸收，肥效可维持几年。叶面喷磷用KH_2PO_4，其含有效磷52%、有效钾超过34%，为磷钾双补，一般合格产品标注有效成分为90%。

表 4-1　葡萄种植前推荐施磷量

土壤测定含量（mg/L）	每667m^2 P_2O_5施加量（kg）
2	22
4	15
6	12
8	8.5
10	5
>10	0

3. 钾肥

种植葡萄前进行土壤钾含量测定，在美国若土壤含量小于240mg/L，便会施用钾肥（表4-2）（Moyer M M，2018）。每生产1t果实需要从土壤中吸收4～7.2kg的K_2O。丰产葡萄园一般每年每667m^2施钾肥量为15～22kg。钾肥的施用可一半用于基肥，另一半在萌芽后几周到果实转色前的浆果膨大期施用。生产上常用的钾肥包括硫酸钾、硝酸钾、氯化钾、碳酸钾和磷酸二氢钾等。硫酸钾含K_2O 33%～48%，是生理酸性的速效性肥料，可作基肥与追肥，一般与有机肥混合施用。氯化钾含K_2O 50%～60%，因含有氯离子，在葡萄上用量要少，隔年应用较好。硝酸钾含钾45%～46%，主要用于果实膨大期。

表 4-2　葡萄种植前推荐施钾量

土壤测定含量（mg/L）	每 667m^2 K_2O 施加量（kg）
60	36
120	27
180	18
240	9
>240	0

（三）肥料施用时间和方式

葡萄需肥量比较大，按施肥时期可分为基肥和追肥。

1. 基肥

基肥又称底肥，施肥量占全年 70%以上，是葡萄园施肥中最重要的一环。基肥的施用从葡萄采收后到土壤封冻前均可进行。生产实践表明，秋施基肥愈早愈好，宜在果实采收 7d 以后至新梢充分成熟的 9 月底 10 月初之间进行。因为秋施基肥正值根系的第 2 次生长高峰，在施肥过程中被切断的根容易愈合，并能促发新根。此时施肥还可以迅速恢复树势，促使新梢充分成熟和花芽深度分化，增强越冬能力，有利于来年萌芽、开花及新梢早期生长。施肥以有机肥为主，速效性无机肥为辅，如尿素、硝酸铵、过磷酸钙和硫酸钾等。施基肥的方法有全园撒施、穴施和沟施。撒施肥料常常引起葡萄根系上浮，应尽量改为沟施或穴施。篱架葡萄常采用沟施，方法是在距植株 50～80cm 处开沟，宽 40cm、深 20～50cm，再用一层土一层肥料依次将沟填满。有调查发现辽宁省葡萄果农种植巨峰和玫瑰香每 667m^2 施用优质厩肥 3 000～6 000kg，产果 1 500～2 000kg，即每千克葡萄需底肥 2kg，连续 10 年，树势中庸，产量稳定。在有机肥施用量充足的情况下，每 100kg 有机肥混入过磷酸钙 1～3kg，其他速效化肥如尿素、硫酸钾等按 100kg 果全年施入 1～3kg。有机肥质量好，化肥可控制在 1kg；有机肥质量稍差，化肥可增至 2～3kg。当前很多葡萄产区的果农在施有机肥前，先在施肥沟底铺垫一层厚约 10～20cm 的秸秆或碎草。为了减轻施肥的工作量，也可以采用隔行开沟施肥的方法，轮番沟施，使全园土壤都得到深翻和改良，规模较大的园子最好采用施肥机械。

2. 追肥

追肥在葡萄生长期进行，以促进植株生长和果实发育为目的，在每年生长季节最少 3 次，多者可达 5 次。追肥以速效性化学肥料为主，如尿素、磷酸氢二铵、硫酸钾等。追肥的时期、种类和数量应根据葡萄在一年中的物候期、对养分种类的需求、当地土壤肥力及施肥能充分发挥肥效而定。总体上追肥主要包括以下几种：

（1）催芽肥　不埋土防寒地区的施肥时间在萌芽前 14d，埋土防寒区多在出土上架、土壤整畦后进行。催芽肥以氮肥为主，磷、钾肥为辅。追肥时注意不要碰伤枝蔓，以免引起过多的伤流。

（2）花前肥　葡萄花序开始拉长、开花前 7～10d 进行。花前肥可促进花序发育，提高坐果率。花前肥以速效氮肥和磷肥为主，钾肥为辅。如果土壤肥水充足，树势强旺，此期追肥可免去。

（3）壮果肥　葡萄果粒生长至约黄豆大小时进行。此次追肥宜氮、磷、钾配合施用，尤其要重视磷、钾肥的施用。幼果生长期是葡萄一年当中的需肥高峰期，此时施肥不仅促进幼果的生长，而且对当年的枝叶生长均有良好的促进作用。

（4）转色肥　转色肥又称催熟肥，在果实封穗后至转色前施用。此期施肥以钾肥为主，磷、氮肥为辅，每 667m^2 用量 10～20kg。转色肥可提高果实着色度和含糖量，促进枝条正常成熟。每 667m^2 可施用钾肥 5～10kg，硫酸镁 2～3kg。

常见的追肥方式包括地表撒施、兑水施用、埋施、冲水漫灌、滴灌和叶面喷施等。最好的方式是膜下滴灌和埋入土壤中覆盖，撒施效果最差。

对于采用滴灌的葡萄园可以将肥料溶解到水中通过滴灌系统定点施肥。采用水肥一体化设备后，能极大地提高肥料和水资源利用率。肥料的种类、施肥量和灌水量也应随着追肥方式进行相应调整。通常按照单样肥料浓度0.1%～0.3%、总浓度不超过1%的标准进行追肥。每次滴灌每667m^{2}用肥量一般不超过10kg，年滴灌8～12次。

叶面追肥在葡萄花前、花后及开始成熟时都可喷施。种类有尿素、磷酸氢二铵和磷酸二氢钾等，喷施浓度为0.1%～0.5%，全年可喷洒4～6次。根据土壤状况和植株表现情况应及时追施各种微量元素肥料。

（四）葡萄叶柄营养诊断施肥

营养诊断可以为葡萄进行定向合理施肥提供依据。叶片或叶柄分析可用于在缺素症出现之前或者之后诊断营养问题，进而明确需要添加和不需要施用的肥料。葡萄一般采集叶柄进行植株营养分析。果实膨大到转色前叶片的氮、磷、钾含量相对稳定，是进行营养诊断的适宜时期。测定结果对照表4-3可以调整下一季度施肥计划（表4-4、表4-5）。

表4-3　葡萄叶柄中正常营养元素范围

（引自Dami，2005）

营养元素种类	缺乏	低于正常	正常	高于正常	过高
氮（%）	0.30～0.70	0.70～0.90	0.90～1.30	1.40～2.00	>2.10
磷（%）	≤0.12	0.13～0.15	0.16～0.29	0.30～0.50	>0.51
钾（%）	0.50～1.00	1.10～1.40	1.50～2.50	2.60～4.50	>4.60
钙（%）	0.50～0.80	0.80～1.10	1.20～1.80	1.90～3.00	>3.10
镁（%）	≤0.14	0.15～0.25	0.26～0.45	0.46～0.80	>0.81
硫（%）			>0.10		
锰（mg/L）	10～24	25～30	31～150	150～700	>700
铁（mg/L）	10～20	21～30	31～50（100）	（101）51～200	>200

（续）

营养元素种类	缺乏	低于正常	正常	高于正常	过高
硼（mg/L）	14～19	20～25	25～50	51～100	>100
铜（mg/L）	0～2	3～4	5～15	15～30	>31
锌（mg/L）	0～15	16～29	30～50	51～80	>80
钼（mg/L）			0.3～1.5		

表 4-4　基于叶柄分析结果的推荐施氮量

叶柄氮含量（%）	每 667m² 施纯氮量（kg）
>1.5	0
1.3～1.5	1.5
0.9～1.3	2.2
<0.9	3.0～3.7

表 4-5　基于叶柄分析结果的推荐施钾量

叶柄钾含量（%）	每 667m² 施纯钾量（kg）
>2	0
1.5～2.0	7.5～14.9
1.0～1.5	14.9～22.4
<1	22.4～29.9

三、灌溉技术

土壤水分对葡萄的生长发育有着重要的影响，严格控制葡萄整个生育期水分的供应，是优质生产的关键。葡萄在不同的发育期，对水分的需求不同，新梢生长期水分过多会造成枝条徒长或坐果不良，果实硬核期适当控水，可抑制新梢生长；果实膨大期供应充足的水分，有利于细胞分裂和果实膨大，提高产量，防止成熟期的裂果发生；浆果成熟期适当控制水分，充足的水分供应会造成浆果成熟晚、着色不良、含糖量低、含酸量高、果实品质下降等。土壤水分不足会导致葡萄树体发生水分胁迫，进而阻碍葡萄正常生长并降低果实产量。当葡萄的需水量高于供应量时，就会出现干旱胁迫。我国西北干旱半干旱地区常年严重缺水，葡萄需水基本需要通过灌溉来满足。近十年来华北地区频繁出现春夏连旱，严重制约了新梢生长和坐果，灌溉设施和水源需求显得越来越迫切。如果在炎热的夏季遭遇干旱，水分胁迫与热胁迫相复合，叶片往往出现日灼和老化。不同品种对缺水的反应不同，例如西拉容易出现缺水症状，生长减缓，但在土壤水分条件改善时具有很强的恢复能力；赤霞珠缺水时，果实通常会发生干瘪，早于叶片掉落。水分胁迫根据时间和程度不同可以正面或负面地影响葡萄果实品质。土壤水分过高会导致葡萄枝条旺长，形成遮阴的树冠，不利于果实品质，并且增加真菌病发病的风险。

（一）灌溉时期

葡萄需水量从萌芽开始随着树冠的扩大和蒸发蒸腾量的增加而增加。一般在生长前期田间持水量应不低于 60%，后期在 50%左右。具体灌溉时期和灌溉量应根据气候、土壤水分状况及葡萄的年生长周期而定。一般可分为以下几个时期。

1. 萌芽前

葡萄萌芽前是第 1 个关键时期。此时土壤比较干燥，不利于葡萄的萌芽、生长以及花芽的继续分化，因此芽前可灌 1 次透水。埋土防寒区在葡萄出土上架后需马上进行灌溉。

2. 开花前

此时期新梢开始旺盛生长，叶片迅速扩大，花序也在进一步发育分化，根系开始大量发生新根，蒸腾量逐渐增大，对水分需要量也逐渐增大。保证花期土壤湿度有利于根系生长、树冠建立及开花坐果。但对于巨峰系易落花落果的品种，花前灌溉不能离花期太近，一般花前 7d 以前灌溉。

3. 浆果生长期

浆果的生长需要充足的水分。每7～20d灌溉1次，具体根据土壤质地、气候条件和植株生长情况而定。温室内水分蒸发量小，灌溉的次数和水量少于露地，视情况灌1～2次水即可。根据土壤类型不同，一般在果实采收前2～6周停止灌溉。转色后适度减少灌溉，有利于抑制枝条旺长，此期间枝条旺长会延缓果实成熟期，降低枝条成熟度。

4. 浆果采收后

葡萄植株需要水分和养分来恢复树势，可结合施肥进行灌溉。此时的灌溉应以维持树冠大小不变为宜，过度灌溉可能导致枝条继续生长，枝条成熟度不够。轻度水分胁迫可抑制枝条生长并促进其成熟，但胁迫不应导致落叶。

5. 冬季休眠

此时期可灌1次冬水，埋土地区在埋土前7～10d进行，不下架地区在地面封冻前进行，如果灌溉较早或气温较高蒸发量较大，还需视干旱情况进行1次补充灌溉，以保证葡萄根系在冬季的生命活力，有利于春季后发芽生长。

（二）灌溉方法

灌溉系统是葡萄园建立时的一项大投入，应该仔细规划和设计，需要考虑土壤类型、土壤深度、葡萄种植密度、葡萄有效根际区域、水质以及资金投入等。灌溉系统设计应利于葡萄树生长，同时尽量减少土壤侵蚀和水分流失。

1. 漫灌

漫灌是指在园地里灌溉时，让水在地面上漫流，借重力作用来浸润土地。按照浸润土壤方式的不同，漫灌可分为淹灌、畦灌和沟灌。漫灌适合用于坡度非常平缓（畦灌坡度小于1%，沟灌坡度小于2%）且水流大的葡萄园，其耗水量很大，但成本低、操控简单。漫灌可以洗掉土壤中的部分盐分，降低土壤的pH，但漫灌过程中的深度渗透会造成水分大量浪费。利用葡萄的定植沟进行灌溉，每次每 667m^2 灌水量需 40～60m^3。新疆吐鲁番的砾质土壤葡萄园，每隔 7～10d 需灌水 1 次，全年灌水 25～30 次，每 667m^2 年灌水量为 1 000～1 600m^3。漫灌受地势的影响，水的分布并不均匀。水源若为河道水，水中常含有杂草种子，另外病原体也可随水流在葡萄园中传播。漫灌后，田间操作管理会受到限制。随着现代种植方式的进步，这种浪费水资源的灌溉方式已经逐步减少应用。

2. 喷灌

喷灌是使水在加压的情况下通过管道和喷头以雨滴状态给葡萄植株提供水分。喷灌的形式主要分为 2 种：一种是地插式，供水主管铺设在地面上，然后根据葡萄的株距调整喷头的安装位置，喷头连着支管插在土里，喷洒范围可以根据高度和水泵压力来调节；另一种是悬挂式，供水主管悬挂在空中，喷头通过连接软管从主管吊下来，喷头上有一个加重模块防止喷头晃动，雾化的效果根据喷头喷嘴的精密度而定，一般雾化好的喷嘴喷洒半径较小，雾化差的喷洒半径较大。

喷灌可用于高温干旱地区土地不平整、持水能力有限、供水有限、霜冻保护或有灌溉自动化等特殊管理要求的园地。喷灌最明显的优势是既可以控制喷水量，避免深层渗透和地表径流造成的水资源浪费（可节约用水 30%左右），又提高了灌溉的均匀性，能使整个种植垄面都湿润，非常适合不平整的土地。在不规则土地上进行喷灌，可以省去用于土地分级和地表水分配的费用。喷灌有利于土壤中的有机肥分解吸收，非常适合缓释肥、颗粒肥等溶解性不佳的化肥的使用。在夏季高温时可以使用喷灌降低葡萄园内的气温，在冬春季可以使用喷灌预防冻害和霜冻灾害的发生。缺点也很明显，葡萄园喷灌的主要限制因素是安装成本高，系统运行提供所需水压的能源成本高。另外灌溉水必须含盐量低，否则可能会对叶片产生损伤。喷洒范围不好控制，容易浪费肥水，而且容易受风干扰，如果喷头的位置没放置好，容易有喷洒不到的盲区。喷灌时水分蒸发较多，易造成葡萄园小气候湿度过大，从而增加病害发生的风险。

目前，大部分喷灌系统中的洒水喷头已被微喷头取代。喷灌系统的使用应遵循能源节约原则，降低能耗在灌溉系统的选择和设计中十分重要。高压操作且快速完成灌溉，需要大型泵和大直径的管道，这种系统投入多需电量大，能源消耗也高。利用低压喷头，可最大限度地减小泵送设备的尺寸和摩擦损失。虽然提供相同体积的水，低压喷灌系统使用较小的泵送设备即可，从而降低设备投入和能源消耗相关成本。通过将喷嘴的工作压力从 0.35MPa 降低到 0.25MPa，水加压的能源成本降低 30%，从 0.45MPa 降低到 0.35MPa 可以节省 23%的能源成本。市场上的喷头和喷嘴即可保障在低压下具备良好的喷洒性能。低压系统中每个喷头的覆盖直径较小，宽行距需要更近的喷头间距。

3. 滴灌与水肥一体化

滴灌是利用滴灌设备给灌溉水或溶于水中的化肥溶液加压，通过各级管道输送到葡萄园，再通过直径约 10mm 毛管上的孔口或滴头将水以水滴的形式不断地湿润葡萄根系主要分布区的土壤。滴灌的管材有硬管软管之分，硬管使用时间长，造价高，软管反之。对于水质不好的葡萄园，可以选择造价低的软管，1～2 年更换 1 次，以保证滴灌的效果。滴灌可解决灌溉水资源短缺、用水成本高、土壤水渗透性能差异大以及在陡坡上种植葡萄所带来的灌溉问题。滴灌系统可以按植株生长需要合理供水，精确控制葡萄根区水分状态，另外可以结合水肥一体化系统使用，从而高度调控树体的状态。滴灌管道可以安置在土地表面或埋在土中，干扰耕作土地小，允许机械化操作。滴灌每 5～20d 灌溉 1 次，每次每 $667m^2$ 灌溉水量为 $20m^3$ 左右。有研究表明葡萄生育期滴灌的灌溉量为 $4\ 500m^3/hm^2$时，品质和产量较好。与其他灌溉系统相比，滴灌由于灌溉过程中径流减少、深层渗透减少以及湿润土壤表面积减少使得蒸发量减少，可以实现大量节水，是目前干旱缺水地区最有效的一种节水灌溉方式。根据灌溉频率和气候，蒸发减少可节水 5%～15%。滴灌系统通常在接近 0.1MPa 的压力下运行（滴水口测量），与高压喷灌系统相比，滴灌系统中水加压能量消耗减少约

33.33%。滴灌系统泵和管道的尺寸较小，在一定程度上降低了成本投入。

膜下滴灌技术是覆膜技术和滴灌技术的结合，即在滴灌带或滴灌管道上覆盖一层地膜，节水、节肥、增产、增收效果明显，发展前景广阔。通过对戈壁栽培葡萄进行大水漫灌和膜下滴灌试验，发现滴灌可节水约50%，滴灌每年平均灌水量6 000m^3/hm^2，膜下滴灌的灌水量为4 500m^3/hm^2。另有研究发现在一定施肥量的条件下，滴灌量2 700 m^3/hm^2能促进酿酒葡萄马瑟兰的新梢生长，单粒质量和纵横径表现较突出，并明显提高果实可溶性固形物、还原糖及果皮中酚类物质质量分数。近期，鲜食葡萄土壤施肥和水肥一体化的具体实施方案被研究总结出来，可以为生产者提供参考（表4-6）。

表4-6　每667m^2鲜食葡萄水肥一体化实施方案

（引自李艳红等，2019）

生育期	灌溉次数	每次灌水定额（m^3）	每次施肥的纯养分量（kg）				灌溉方式
			氮	五氧化二磷	氧化钾	小计	
萌芽前	1	12	1.8	0.7	1.6	4.1	滴灌
萌芽期	1	10	1.8	0.7	1.6	4.1	滴灌
开花初期	1	10	1.8	0.9	1.6	4.3	滴灌
坐果初期	1	12	1.0	0.9	1.5	3.4	滴灌
幼果至硬核	1	12	1.2	1.1	1.8	4.1	滴灌
浆果上色前	1	12	1.7	0.8	3.4	5.9	滴灌
浆果上色后	1	10	1.5	0.8	3.0	5.3	滴灌
采果后	1	10	1.8	0.9	2.0	4.7	滴灌
收后基肥	1	30	4.8	3.0	4.4	12.2	沟灌
休眠期	1	12	0	0	0	0	滴灌
合计	10	130	17.4	9.8	20.9	48.1	

注：表中数据为每667m^2葡萄园全年施肥灌水总量，包括休眠期土壤施肥1次和管道施肥9次。

滴灌系统使用过程中，滴水口可能会被沙子、淤泥或者黏土颗粒堵塞。在检测到堵塞之前，葡萄可能已经受到严重胁迫。过滤灌溉水和酸液等处理可以有效地减少滴水口堵塞。另外，滴灌系统滴水口附近容易生长杂草，机械化除草较难实施。

4. 调亏灌溉

20 世纪 70 年代，调亏灌溉（Regulated deficit irrigation，简称 RDI）技术由澳大利亚维多利亚持续农业研究所的科学家在研究桃树和梨树的过程中首次提出。调亏灌溉不同于有限灌溉，需从葡萄生理需水特性出发，控制葡萄灌水量，使其生长发育的某些时期受到一定程度的水分胁迫，诱导葡萄植株产生胁迫响应，影响光合产物在不同组织中的分配，抑制营养生长，增加果实品质，提高水分利用率。调亏灌溉时间的确定和灌水量的计算是调亏灌溉技术应用的关键。

葡萄调亏灌溉的时间应根据葡萄的需水规律确定。葡萄生长前期，可进行轻度的亏水灌溉处理，但要保证葡萄正常开花坐果。果实转色前，随着树冠进一步扩大，蒸发量也逐渐增加，如果没有灌溉，葡萄树的水需求量可能会超过从土壤中的吸水量，出现水分胁迫。土壤有效水量较大或者水蒸发量较低地区的葡萄发生水分胁迫的时间会推迟至转色前，此阶段适度的水分亏缺可以抑制营养生长，同时可以维持光合作用。这是调亏灌溉策略成功的基础。澳大利亚有些葡萄园在酿酒葡萄坐果后立即实施亏水处理，以促进果实合成色素和多酚物质。果实转色后，树冠的生长虽然已经不显著或者停止，但此时树冠大小和气候条件使得整个树体以最大速率驱动水的使用。如果没有灌溉，葡萄园势必会出现缺水问题，这是调亏灌溉应用的最佳时机，在此期间适度的亏水可以阻止副梢生长。与良好灌溉相比，调亏灌溉处理的葡萄果实显著变小。最近的研究发现在葡萄采收前的几周内降低亏水程度，可使减产量最少化，同时保持果实品质。葡萄收获后水分胁迫会导致植株碳水化合物的贮备减少，不利于根系生长和枝条成熟，并对下一季的枝条生长和果穗发育产生负面影响。

调亏灌溉的目的是限制过度的营养生长，提高果实品质或降低干旱时的用水量。如果这些条件都不存在，则不需要使用调亏灌溉，如刚建园的葡萄园或由砧穗组合、病虫害、缺素等导致的低活力葡萄园。在执行调亏灌溉时，应在接下来的几年中进行监控、调整以实现期望的效果。控制过旺营养生长以增加果实区域的散射光需要执行不灌溉策略，直到土壤中可用水降低而使新梢生长减慢。通过目测或测量叶片水势监测葡萄树水分缺乏程度，保证树体仅受到中等水平的胁迫，之后进行灌溉。

葡萄水分胁迫程度的控制因品种和果实品质目标而有所不同。水分胁迫抑制营养生长，使得叶幕水平降低，更多的光进入树冠内部促进葡萄着色。中午叶片水势为－1.3～－1.0MPa可以作为无色葡萄品种调亏灌溉的灌溉起点，有色葡萄品种可以低至－1.5～－1.3MPa。有研究发现不同葡萄品种对水分胁迫的反应不同，京秀、矢富罗莎的抗旱性强于红地球和美人指。

调亏灌溉用水量是葡萄树潜在用水量的百分比。调亏灌溉用水量的下限应该是能明显抑制新梢生长，但又足以维持叶片的光合作用，不能出现叶片因干旱掉落发生果实日灼。一般来说，成功的调亏灌溉用水量通常占葡萄潜在完全用水量的50％～60％，甚至是35％～40％。

第五章　整形修剪技术

一、树体结构特点

（一）芽

葡萄枝梢上的芽是新梢的茎、叶和花的过渡性器官，着生于叶腋中，根据萌发的时间和结构特点，分为冬芽和夏芽。既可抽枝发叶又可开花结果的叫混合芽，潜伏的休眠芽又称隐芽。

1. 冬芽

冬芽是着生在结果母枝各节上的芽，体型比夏芽大，外被鳞片，鳞片上着生茸毛，可以保护芽体免受冬季低温的伤害，内部由1个主芽和3～8个副芽组成。主芽在中心，副芽在四周。一般主芽发育比副芽好，带有花序原基的称为花芽，抽生结果枝。不带花序原基的为叶芽，抽生发育枝。

冬芽具有晚熟性，一般越冬后，翌年春季萌发生长，主芽萌发的新枝称为主梢，主梢上的冬芽在受到刺激后，如采用摘心、抹芽等措施，可抽生冬芽副梢，有些葡萄品种可在冬芽副梢上结二次果或多次果。

2. 夏芽

夏芽着生在新梢叶腋内冬芽的旁边，无鳞片保护，不能越冬。夏芽具有早熟性，在当年夏季自然萌发成新梢，通称副梢。有些品种如巨峰、美人指等的夏芽副梢结实力较强。在生长期较长的地区，常利用夏芽的早熟性加快葡萄的成形或进行多次结果以延长葡萄鲜果的供应期。

夏芽抽生的副梢同主梢一样，每节都能形成冬芽和夏芽，副梢上的复芽也同样能萌发出二次副梢，二次副梢上又能抽生三次副梢，这就是葡萄枝梢一年多次结果的原因。

（二）新梢

新梢是由枝蔓上的冬芽或隐芽萌发生长而成的，是直接着生叶片的当年生枝条。新梢通常由一年生枝上的冬芽中的主芽萌发长成，从老蔓或多年生枝上的隐芽长出的新枝称为隐芽新梢，从地下茎干发出的新枝称为萌蘖或萌蘖新梢。新梢由主梢、副梢、节间、冬芽、夏芽、卷须和花序组成。每节上有互生叶片，对面着生有花序或卷须，叶腋着生夏芽和冬芽。夏芽当年形成当年萌发成为副梢，副梢上夏芽萌发后的新枝称为夏芽副梢，冬芽萌发后的新枝称为冬芽主梢，带有花序的新枝称为结果枝，无花序的新枝称为发育枝。

（三）一年生枝

新梢成熟及落叶后即称为一年生枝，呈褐色。其上的冬芽于次年又抽生新梢（结果枝或发育枝），因此它是构成次年葡萄产量的基础。在冬季修剪时，把一年生枝留作延长枝、结果母枝或预备枝处理。

落叶后已木质化的副梢称为一年生副梢枝，凡有足够粗度及饱满冬芽且成熟的一年生副梢枝可选留作延长枝、结果母枝或预备枝。发育较好成熟的一年生副梢枝是幼树早期成形、早期结果和早期丰产的基础。凡生长强旺、枝体粗壮、节间长、芽眼小、节部不明显、组织疏松的一年生枝称为徒长枝。

（四）多年生枝

多年生枝是由一年生枝逐年发展形成，多年生枝组成葡萄树木的骨架，用以支撑葡萄的树冠和葡萄树形的构造，并起着贮藏和传输营养的作用。

二、花芽分化

（一）冬花芽

葡萄冬花芽分化和发育的时间比较长，冬花芽分化一般都在主梢花序开花前后。新梢上的各节冬芽一般从下而上逐渐开始分化，靠近主梢下部的冬芽内最先开始分化，称为芽内分化。但最基部的第1～3节上的冬芽开始分化稍迟或分化不全，这可能与内部营养条件有关。一般以6～7月为分化盛期，其后逐渐减缓至10月停止。冬季休眠期间整个花序在形态上不再出现明显的变化，一直到次年萌芽和展叶后，随着新梢生长，花序上每朵花才开始依次分化出花萼、花冠、雄蕊、雌蕊等，称为芽外补充分化。

葡萄生长过程中一些栽培措施如主梢摘心、控制夏芽副梢生长等，能促进冬花芽分化过程，促进短期内形成花原基。因此生产上可通过促进主梢冬花芽或副梢冬花芽当年萌芽开花，实现二次或三次结果。

（二）夏花芽

在自然状态下，夏芽萌发的副梢一般不形成花序，但对主梢进行摘心，则能促进夏芽的花芽分化，夏芽的花芽分化与结实力因品种而异。

（三）芽的异质性

由于葡萄品种、枝蔓强弱、芽在枝蔓上所处的位置和芽分化早晚等不同，造成结果母枝上各节位不同芽之间有质量的差异。

三、修剪

（一）冬季修剪

1. 目的

通过冬季修剪调节空间芽眼数量和负载量、结果母枝数量和长度，缓和葡萄植株的生长，合理分布结果枝，达到架面枝间距均匀，调节地上地下、植株生长和果实之间的关系，具有平衡树势、更新复壮、延长葡萄植株的寿命和结果能力的作用。

2. 时期

冬季修剪时期应在枝蔓营养物质转移到老蔓和根部，当年枝蔓内养分含量最低时进行。过早和过晚的修剪都会损失大量的养分，不利于翌年的萌芽、花芽分化和新梢生长。不需下架埋土的园区，12 月中旬开始修剪，伤流期前 20～30d 或萌芽前 40～50d 结束，避免严重伤流。下架埋土的园区，应在寒流到来封冻之前结束修剪和埋土工作，一般进入深秋，叶片开始黄化后带叶轻修剪或落叶后立即修剪，次年出土后根据负载量再进行复剪，避免因出土造成结果母枝的损伤，确保有足够的目标芽眼量。

3. 枝条剪留长度

冬季葡萄枝条剪留长度与品种习性、树势强弱、新梢生长和成熟程度、枝蔓疏密密切相关。剪留 3 芽以内的为短梢修剪，4～8 个芽为中梢修剪，9～14 个芽为长梢修剪，极短梢修剪为留 1 个芽。短梢、极短梢修剪主要用于预备枝和结果母枝的修剪，中梢修剪主要用于结果母枝的修剪和架面的填补，长梢修剪主要用于幼树整形、主梢延长枝的修剪及花芽节位分化较高的结果母枝修剪。

不同品种的葡萄枝条修剪长度不同。花芽分化比较好，结果部位低的品种如夏黑无核、巨峰、阳光玫瑰等一律采用留 2 芽短梢修剪；对长势强，结果部位高的品种如美人指、克瑞森等留 5～6 芽中梢修剪。欧美杂交种，如金手指、巨峰等，宜选择直径 0.6cm 左右的一年生成熟枝条进行修剪，粗度大于 0.8cm，特别是大于 1cm 时，属于徒长枝，最好不用作结果母枝，而藤稔、夏黑、阳光玫瑰结果母枝粗度可以在 0.5～1cm 。欧亚种，如红地球、美人指等，宜选择直径 0.7～1cm 的一年生成熟枝做结果母枝。

4. 枝蔓更新方法

葡萄生长旺盛，枝条顶端优势十分明显，若任其自由生长，会使枝条下部芽眼发育不良和结果部位迅速上升。为了防止结果部位外移和枝条下部光秃，保持植株结果部位相对稳定，每年冬季必须对结果母枝进行更新修剪。

（1）单枝更新　冬季修剪时，在同一个枝条上留2～3芽进行短截，翌年春季芽眼萌发后，上部萌发的新枝作为结果枝，下部萌发的新枝作为预备枝，可以对预备枝提前摘心，在第2年冬剪时，剪除上部已经结过果的枝条，剪留下部没结过果的预备枝作为第三年的结果母枝。修剪时仍然留2～3芽，第3年同样让上面萌发的新枝结果，下面新枝仍作为预备枝培养。每年以此类推，在同一个枝条上，在同一个位置上始终上面新枝结果，下面新枝作预备枝，利用一个枝条既抽生结果枝又培养预备枝，将结果部位稳定在一个空间范围。

单枝更新适合结果部位低的品种及标准化、规范化的树形。冬剪时遵循“去前留后，留俩芽”。

（2）双枝更新　冬季修剪时每个结果部位留2个当年生枝，上面1个枝中梢或长梢修剪，作为翌年的结果母枝，下面枝条剪留2芽进行短梢修剪作为预备枝。第2年萌发新枝后，上面中长梢修剪的结果母枝上留花穗，作为结果枝，下面短梢修剪的去掉花穗培养为预备枝。第2年冬剪修剪时，剪除上面结过果的枝条，在下面预备枝上抽生的枝条中，选上面1个枝进行中梢修剪，下面1个枝进行短梢修剪，即留一长一短，每年以此类推，便可避免结果部位上移。

双枝更新一般用于结果部位较高的品种和局部结果枝更新及填补结果空间。

（3）回缩更新　随着树龄的增加，枝蔓逐年加粗，树势变弱，结果能力下降，因此要对多年生主侧枝进行回缩更新，是对多年生老蔓更新复壮的一种修剪方法。回缩更新分为局部更新和全部更新。

局部更新是指当部分结果枝或侧枝表现衰退、抽生的新枝弱、结果部位上移和部分空间光秃时，则在适当位置进行逐年局部更新，让健康枝蔓来代替衰老病残老蔓。

全部更新是在树龄过大，整个主蔓出现衰老或增粗，不便于下架埋土防寒时或遭受自然灾害时进行。即把地上部衰老部分去除，培养基部萌蘖枝，代替剪除的主侧枝蔓。

进行回缩更新时，要有计划有目的逐步进行回缩，防止回缩修剪过重导致树势变弱。全部更新时，在植株基部培养健壮萌蘖，当年培养成主蔓和侧蔓，可以通过早期摘心，利用副梢快速整形。

（二）生长季树体管理

生长季树体管理主要是在冬季修剪的基础上继续调节整个植株的养分分配和生长与结果的矛盾，可使幼树提早成形，早期丰产，控制新梢生长，缓和果梢之间的矛盾，减少落花落果，提高坐果率，调整枝、叶、果的通风和光照条件，提高光合能力和减轻病虫危害。疏除多余无用的枝、芽、花、果和有病虫害的枝以减少养分消耗，保持树势健壮，促进生殖生长，促进浆果的正常发育和及时着色成熟，从而提高浆果产量和品质。

1. 抹芽除萌蘖

抹芽即抹除枝蔓上一部分萌发的定芽和萌蘖不定芽，目的是节省贮藏养分的消耗，防止新枝郁闭、通风不良。抹除的主要是过密无用的芽，包括主侧枝蔓上的隐芽萌蘖、发育不良的基节芽、双生或多生芽留 1 个饱满的主芽、去除副芽。

2. 定梢定产

定梢是当大部分新枝长到 4～5 片叶、新梢上能分辨出花穗质量时，根据品种的负载量和架面情况，进行新梢选留，保持合理枝间距。一般小叶品种枝间距为 12cm 左右，中叶品种 15cm 左右，大叶品种 20cm 左右。定梢是否合理主要依据负载量的大小、产量的高低和品质的优劣。根据品种的平均穗重或目标穗重和计划产量，确定枝间距。

3. 叶幕管理

（1）新梢绑缚　绑缚是固定新梢，让各新梢均匀、合理、等距离占据架面。新梢绑缚要及时，绑缚太早，新梢容易在基部折断；

绑缚太晚，容易造成架面郁闭、通风透光不好，造成坐果不良。新梢绑缚可采用绑蔓塑包丝、绑蔓卡和绑枝机等进行。

（2）主梢摘心 通过新枝摘心可暂时阻止养分向上输送，达到抑制顶端生长，迫使养分回流到下部或花穗部分，从而促进下部萌发副梢或减少落花落果，提高坐果率。进行摘心的新梢，只有部分营养向先端移动，大部分养分向花穗输送，花穗得到的养分比不摘心的新梢能增加 3 倍以上。一般摘心后 7d 左右起作用，副梢萌发后作用即消失。

摘心的时间和程度决定于品种。过晚过早都达不到应有的效果与作用，尤其是落花落果严重的品种，及时摘心是增产提质的关键措施之一。易落花落果品种若以增加坐果为目的，应花前摘心，如巨峰、甬优、巨玫瑰等，于花前 3d 内进行新梢摘心，基本在一块地或一个棚内发现一穗开花就摘心，即见花立即摘心。摘心强度是仅留下新梢上叶片直径达到 10cm 的叶，上面的全部去除，增加坐果率的效果明显。此外，花前 5～7d 留 3 片叶重摘心，花穗较小的品种拉长花序，增加穗重，对提高产量也有效。

相反，坐果率高、果穗紧实的品种要以减少坐果为目的，进行花后摘心，如摩尔多瓦、东方之星、魏可等，均应在谢花后摘心。树势缓和后大部分品种可以等到主梢满架后再摘心，这样既能降低果穗紧实度，减轻疏果工作量，又减缓了副梢的萌发速率，缓解了副梢修剪压力。

（3）发育枝摘心 对没有花穗的发育枝和幼树不结果的发育枝进行摘心，主要依据留枝的目的来确定摘心时期，与结果枝摘心有所区别。第 2 年作为更新结果的预备枝和替换或填补空间的发育枝，一般晚摘心，使发育枝上有一定数量的功能叶；或达到所需长度，留 20 片叶左右摘心，促使下部枝芽充实健壮。生长过旺的徒长枝和母蔓上萌发的更新枝影响到结果枝时，即可利用摘心控制徒长。幼树和未完成整形或改造树形的主蔓和侧蔓枝，达到需要的分支位置时便可摘心，促使下面副梢萌发以满足整形的需要，加速成形。替换枝组生长的发育枝，当达到预期长度时进行晚摘心，以培养健壮的结果母枝，替换衰弱的枝组或结果部位外移的结果母枝。

（4）副梢管理　随着新枝生长，叶腋处的夏芽会陆续萌发为副梢。新梢摘心后7d左右，夏芽副梢会被激发出来并生长迅速。过多的副梢枝生长会消耗大量的养分，并影响通风透光，扰乱架面及树形，所以主梢摘心后还要采取相应的副梢处理，才能达到预期的效果。

利用副梢可加速幼树成形，即利用副梢扩大树冠作为主蔓和结果母枝，使幼树提前进入丰产期。有多次结实能力的品种，可利用副梢修剪来弥补产量的不足或延长葡萄的供应期。

结果枝主梢摘心后，顶端留1个副梢向前延伸，每生长4～6片叶摘心1次。视生长情况，篱架以达到架面顶端铁丝以上，绑缚后连续2叶摘心；棚架达到行距中心位置或相对时，顶端副梢2叶连续摘心。

主梢上萌发副梢的处理方法：摘心后主梢上萌发的副梢一律抹除，向上延伸副梢萌发的二次副梢，一律抹除；摘心后萌发的副梢保留一部分，花穗以上的副梢留1～2片叶连续摘心，花穗以下的副梢抹除；结果母枝采用短梢修剪、基部芽不易成花的品种如白鸡心，为促进枝条基部冬芽结实力强，可保留基部2～3节的副梢，留2叶反复摘心，上部副梢去除；主梢上结果枝率低的品种，如克瑞森新梢不易成花，可利用副梢作为次年的结果母枝，防止结果部位外移，保留基部1～2节的副梢，留4～5叶反复摘心，副梢摘心后萌发的二次副梢，留1～2叶反复摘心；为了给果穗遮阴防止日灼，花穗附近1～2个副梢，留1～2叶反复摘心；摘心后萌发的副梢要"留叶绝后"，即副梢留1叶摘心，摘心的同时将该叶的腋芽去除，不再萌发二次副梢。

幼树主梢摘心后萌发的副梢，根据不同树形整形需要做不同处理。篱架树形，第1道铁丝以上，新梢上萌发的副梢连续1～2叶摘心，顶端铁丝以上连续2叶摘心，第1道铁丝以下副梢去除；棚架树形，直立新梢主干上萌发的副梢连续1叶摘心，平面新枝上萌发的副梢连续 4～5 叶摘心，只留前端的二次副梢向前延伸，其他去除。

四、主要架式及整形技术

（一）篱架

架面与地面垂直或倾斜，枝叶分布在架面上，形成篱笆篱壁，称为篱架。

篱架适宜种植面积大的葡萄园，可通过加大行距增加机械化管理作业，冬季埋土防寒工作也较为方便。主要优点是地面辐射强，浆果着色好、品质优、糖度高，栽培加工类品种也可获得品质优良的果实。缺点是立面结果，枝条生长受限，新梢顶端易徒长，枝蔓引绑费工，植株上强下弱，花穗大小不均，生产标准化果穗困难，果穗易暴露，容易发生日灼，另外结果部位靠近地面，容易感染病害。

1. 篱架垂直叶幕

篱架垂直叶幕分为单干单臂或双臂整形（彩图 5-1）。单臂整形的葡萄株距一般为 1m，每株只留 1 个主蔓，主蔓直立（不下架防寒）或倾斜（下架防寒）像“厂”字略倾斜伸向架面，为方便管理和埋土下架操作，植株主蔓所伸方向要培养一致。种植当年，每株留 1 个新枝，向上引绑平缚至第 1 道铁丝上，待新梢平行生长至另一株葡萄时摘心。新枝摘心后，其上萌发的副梢，5～6 片叶摘心 1 次，每次摘心后只留顶端二次副梢，其余去除。副梢直立均匀绑缚在铁丝上，培养为第 2 年的结果母枝。单臂整形一两年就可完成。水平单臂整形主蔓水平生长，树势缓和，树形容易调控，枝组稳定，生长健壮。当留枝过多时，易造成架面拥挤光照不足。单干双臂又称 T 形，一般株距 1.5m，每株长至第 1 道铁丝时摘心，保留最上端 2 个副梢作为 2 个主蔓水平引缚到第 1 道铁丝上，待新梢平行生长到株距 50% 时摘心，以后副梢处理方式同“厂”字形叶幕培养方式。

2. 篱架 V 形叶幕

第 1 年幼树生长期在主干高度 80cm 处摘心，顶端 2 个副梢培养成 2 个主蔓并水平引缚在第 1 道铁丝上，2 个新梢待长到株距的 50%时或邻近生长的新梢相对时摘心。新枝摘心后，其上萌发的副梢，5～6 片叶摘心 1 次，每次摘心后只留顶端二次副梢，其余去除。副梢分别绑缚在横梁上的铁丝上，培养为第 2 年的结果母枝。当年冬剪时，根据品种每个副梢剪留 2～4 个芽，第 2 年新梢间枝距为 16～18cm，分别整齐地引缚在 V 形架两道横杆的铁丝上，架体树冠形成 V 形（彩图 5-2）。

（二）棚架

棚架的基本特点：①适应于山地、陡坡、平原等多种地形，能充分利用山坡地面积。②架面上容纳新梢数比篱架多，单位面积有效叶片数比篱架多。③透光率不及篱架，但鲜食品种上色均匀，果穗悬挂于架下，不会有叶片磨伤，果粉保护较好，不易发生日灼病，是生产优质鲜食葡萄的首选架式。④结果部位较高，不易感染病害。⑤架材投资高。⑥适合生长旺的葡萄品种，可以缓和树势、减缓枝蔓生长、节约劳动力。依据母蔓的形状不同可分为倒 L 形、T 形、H 形等。

1. 棚架倒 L 形

倒 L 形主蔓可延顺行或垂直行方向（彩图 5-3）。顺行也称为顺行鱼刺形，栽植当年，每株留 1 个健壮新枝向上引绑，生长至距离棚架铁丝 10cm 时，进行主梢摘心，留顶端 1 个副梢，在铁丝上绑缚或缠绕，当新梢延长至另一株后摘心，摘心后萌发的副梢，分别左右倾斜向上绑缚在平棚铁丝上。副梢绑缚后摘心，新梢生长到铁丝处，绑缚后摘 1 次心（一般 5 叶左右），只留前端 1 个副梢向前延伸。冬剪时结果母蔓上副梢留 1～2 个芽修剪。第 2 年萌芽后，每节结果母枝上留 1～2 个新枝，新枝同侧间距保持在 15～20cm 或因品种而定。新梢延长至行距中间时连续 2 叶摘心。冬剪时按单枝更新修剪，根据品种特性留 2～4 个芽，短梢或中梢修剪。垂直行向只是将当年培养主蔓由顺行改为垂直行，副梢及修剪方式同顺行。

2. 棚架T形

栽植当年，每株留1个健壮新枝向上引绑，生长至横向铁丝10cm时，进行主梢摘心，留顶端2个副梢，左右分别在铁丝上绑缚或缠绕，当新梢延长至行距中间或8月初时摘心，新梢上萌发的副梢，左右分别绑缚在横向铁丝上，每长4～5片叶，摘1次心，只留前端1个副梢延伸。冬剪时两臂剪截到粗度0.8cm以上，副梢留2～4个芽修剪（彩图5-4）。

第2年萌芽后，两臂继续向前延伸培养至行中间。每个结果母枝上保留1～2个新梢水平绑缚，多余新梢抹除，使新梢同侧间距保持在15～20cm为宜。冬剪时每侧30cm留1个枝组，根据品种特性留2～4个芽，短梢或中梢修剪。

3. 棚架H形

H形棚架种植葡萄株行距一般在6～8m，而且随着树龄增加和主枝延伸，还要适当间伐，增大株距。该架式适合在大棚和连栋温室中应用，由于架面大、枝组多、4个主蔓分枝分布规则整齐，所以植株生长中庸，坐果良好，结果部位整齐一致、果穗管理方便，树形美观。但H形树形对整形技术和水肥管理要求较严格，完成整形的时间也较长（彩图5-5）。

整形培养方式为：当年每株只留1个主干垂直向上进行培养，高度达到1.8m时摘心，促发2个新梢，形成一级主枝，并向相反两个方向绑缚，一级主梢上不留副梢和分枝，当一级主枝长到1.5～2m时再次摘心，再次促发2个新梢形成二级主枝，并将其与栽植行平行的方向相互反方向绑缚，形成规则的H形枝蔓骨架，在二级主枝上的抽发的副梢每隔20cm保留1个，并留4～5片叶进行摘心促壮，冬季修剪时对其只保留2～3个冬芽，在粗度0.8cm处修剪。第2年萌芽后选留2个新梢，分别绑缚在两边，形成结果枝组。以后每年冬季对结果枝组进行短梢修剪。H形树形架面宽大、树势中庸、通风透光良好，每年进行规则的短梢修剪。管理不到位的有可能需要两年才能完成骨干培养，第三年才开始结果。

第六章　花果管理技术

花果管理是鲜食葡萄生产的关键技术，其关系到果品的产量和质量，直接影响经济收益。现代葡萄花果管理的核心技术就是数字化和标准化。日本鲜食葡萄花果管理技术相当先进和成熟，在疏花、疏果和花穗整形等方面严格控制穗重和穗形，生产的果穗标准，果穗及果粒大小一致，保持了果实原有果粉和光泽。近年来，我国通过学习和借鉴日本鲜食葡萄的花果管理技术，结合我国生产实际，逐渐形成了一些适合我国葡萄生产的花果管理方法。

一、疏花疏果与合理负载

合理的单株负载量和适当的叶果比是生产优质果品的基本条件。冬季修剪、春季抹芽、疏花疏果是控制负载量的主要方式。首先需要根据目标产量，冬季修剪定芽，春季对于双生芽、弱芽等进行进一步抹除，再通过疏除花穗、疏除花朵、疏除果粒进一步调控。冬季修剪和春季抹芽是从总体上控制产量的基础，而疏花和疏粒则是从单穗果实控制负载量和果穗疏松度整齐度的主要方式。

（一）疏穗定产

葡萄单位面积的产量＝单位面积的果穗重（单粒重×果粒数）×单位面积的果穗数。因此，可根据目标产量和葡萄品种特性确定单位面积的留果穗数，进而确定留花穗数量。一般预留花穗数量是目标产量的 2～3 倍，据此确定单枝留花穗的平均数，结合每个新梢的生长势，一般每个新梢留 1 个花序，如果旺梢可保留 2 穗花序，中庸梢保留 1 穗，弱梢可不留。

具体疏除花穗的时间可在花前 20d，将 1 枝上多于 2 穗的小花穗和细弱枝上的花穗疏除，在花前 7d 与疏花粒结合进行第 2 次花穗疏除。此时期中庸枝条上保留 1 个花穗，疏除发育不良的花穗。

（二）疏花整形

疏花整形是按照标准要求疏除花穗中各级穗轴分枝的技术。通过花穗整形，可控制果穗大小，如通过花穗整形修剪每穗花保留 50～100 朵用于结果以达到商品果穗的要求；花穗整形有利于营养集中分配、增大果实；还能使开花期相对一致，便于无核化或膨大处理时间控制；能大大减少疏果工作量（陶建敏等，2013）。

目前广泛推广的是日本的新型标准化花穗整形方法。根据是否进行无核化处理，分为无核化栽培和有核化栽培花穗整形。无核化栽培的花穗整形结合激素处理时间，在花前 7d 至始花期，一般保留穗尖 4～5cm，疏除其余花序分枝。巨峰系品种如巨峰、夏黑、红富士等一般保留穗尖 3～3.5cm、8～10 个小穗、50～55 个花蕾。二倍体品种如魏可等一般保留穗尖 4～5cm。有核化栽培的二倍体品种花穗整形时期从花穗基部小穗始花开始，如果使用 GA_3 增大果实，则保留花穗下部 16～18 个小穗，保留穗尖；如果不使用 GA_3 增大果实，则花穗留 18～20 个小穗，穗尖去除 1cm（陶建敏，2013）。

此外，还有一些操作相对简单的去副穗和穗尖的花穗整形修剪方法。欧亚种一般整成圆锥形，欧美杂交种或无核葡萄由于容易落粒，一般整成圆柱形。花序大的品种摘去 20%～25%穗尖，去除基部 1～4 个大枝穗。维多利亚等中小果穗品种，去除副穗、花穗尖 25%和第 1、2 分枝的 33.33%。克瑞森无核等果梗短的品种，除去副穗并剪去花穗尖 25%外，还要剪去第 1、2 分枝和第 3 分枝的 33.33%，以使果穗美观整齐便于套袋。美人指、红地球等坐果率较高的品种除了疏除副穗及穗尖 25%外，还要按照“隔二去一”

的原则疏除部分分枝。

（三）疏果粒

疏果粒是将每个果穗的过密或发育不良果粒去除，以使果穗上果粒疏松、均匀分布的一项技术。通过疏粒可使果粒大小均匀、整齐、美观，果穗松紧适中，防止落粒，便于运输，能显著提高商品价值。

1. 时期

疏果粒通常在果实长到绿豆至黄豆大小时进行，越早进行越有利于果实增大。对于树势过强且落花落果严重的品种，疏果时期可适当推后。有核栽培最好在确定果实种子是否发育正常时进行，以去除不含种子的果粒。

2. 方法

疏粒目标是使果粒与果粒之间留有适当的发育空间。疏粒时果粒间空间大小需要根据每个品种目标果穗及果粒大小来确定，但目前针对不同品种及市场需求的果穗、果粒大小还未有准确标准，一般比较认可穗重500g左右的果穗。疏果粒一般采用疏除支梗、疏除果粒及二者结合的方式进行，如果支梗间过密，则疏除支梗。每个支梗上的下层果粒依据紧密度进行疏粒，疏除后以最终达到目标留果粒数量为标准。一般欧美杂交种每穗留50粒左右，欧亚种大果粒品种留60～80粒，小果粒品种留80～120粒（吴江等，2004）。

二、植物生长调节剂处理技术

（一）生产上常用的植物生长调节剂

1. 赤霉素

目前生产上普遍应用的促进果实膨大的激素主要是赤霉素和细胞分裂素类。赤霉素是通过赤霉菌在人工培养发酵后提取获得的生物制剂，是生物体自身代谢的天然产物，与植物体内的内源赤霉素的结构一致，在欧美、日本及我国广泛应用。赤霉素类中的 GA_3 应用普遍，GA_3 在葡萄上的应用效果主要有拉长花序、诱导无核、保果及促进果粒膨大。

对于一些果粒紧的品种可在花前进行赤霉素处理拉长花序，赤霉素拉长果穗可显著增加果粒间的通风透光，降低花期的灰霉病和穗轴褐枯病发生率，显著降低鲜食葡萄疏果用工量 50%以上。赤霉素拉长果穗主要是通过拉长各小穗间的距离来实现的，花前 14d（展叶 5～7 片）处理可有效促进花序细胞分裂和细胞体积扩增，从而使整个果穗伸长，处理的时间越晚所需要的浓度越高。不同品种拉长花序处理的赤霉素浓度有很大不同，一般鲜食葡萄比酿酒葡萄敏感，所需赤霉素浓度低。用于鲜食葡萄穗轴拉长的赤霉素浓度一般为 5～7mg/L，酿酒葡萄在 20～50mg/L 范围内。需要注意的是花序拉长的赤霉素浓度不能太高，太高容易造成果梗硬化，果粒僵果不发育，在酿酒葡萄西拉上发现用 100mg/L 的赤霉素处理会导致果梗硬化及果粒僵化。特别需要提醒的是，在拉长花序处理的同时需要配合土壤灌溉，保持充足的水分供应和较高的湿度有利于花序的拉长。

葡萄果实膨大包括 2 个时期，第 1 次膨大期通过果肉细胞分裂完成，第 2 次膨大期通过果肉体积和间隙变大实现。因此，通过植物生长调节剂处理增大果粒的关键时期在前期。葡萄子房壁细胞分裂高峰期分为 2 个时期，分别在花前和花后，这 2 个时期是植物生长调节剂处理促进子房壁细胞分裂和发育坐果的关键时期。植物生长调节剂花前处理的作用主要是无核化，抑制花粉管在子房中的伸长阻止受精，进而促进单性结实；花后处理的作用是保果和膨大。赤霉素依据应用的时期不同作用也不同，盛花前后应用具有无核化作用，使用浓度为 12.5～50mg/L；盛花期至坐果期应用具有促进果粒膨大的作用，使用浓度 25～50mg/L。在促进果粒膨大时可将赤霉素与细胞分裂素配合使用。膨果处理一般以 25mg/L 赤霉素为基础，添加 3～5mg/L 氯吡苯脲或噻苯隆。

2. 细胞分裂素

细胞分裂素类中氯吡苯脲和噻苯隆应用普遍，目前生产上应用较多的是氯吡苯脲（CPPU、吡效隆、KT-30）。氯吡苯脲具有活性高、发挥作用的剂量低、在作物器官和组织中的残留量低、对生物毒性低等特点。细胞分裂素应用时期不同作用也不相同，保果时期（盛花期至落花期）浸渍或喷花、果穗，浓度一般为3～5mg/L。促进果粒膨大一般在花后10～14d使用，浓度为5～10mg/L。

不同葡萄品种对植物生长调节剂的敏感性不同，若处理不当甚至会产生裂果、僵果、晚熟等副作用。植物生长调节剂的施用还受环境条件，如湿度等方面的影响，因此应注意其配套的栽培技术及生产管理。植物生长调节剂在使用过程中需要严格遵守使用时期和使用浓度要求，否则有可能出现有核果粒、果面出现木栓化果点、上色迟缓、色调暗、僵果等情况。植物生长调节剂要当天配当天用，避免太阳晒；雨天禁用，雨水会降低药效；高温、干燥天气禁用，会造成花序轴弯曲等不利现象，因此温度高时，需要降低植物生长调节剂的使用浓度。此外，使用GA_3及CPPU保果的同时会促进果粒膨大，因此处理前需要整穗，坐果后需要疏粒。

（二）有核及无核栽培的植物生长调节剂处理

1. 有核品种的有核栽培

巨峰系有核品种容易落花落果，用植物生长调节剂处理的目的是保花保果和促进果实膨大。因此在始花期至盛花期施用1次2.5～5mg/L的CPPU进行保花保果，花后10～15d采用25 mg/L GA_3加5～10mg/L的CPPU进行第2次处理，促进果实膨大。其他不容易落花落果品种可在花后10～15d采用GA_3加CPPU处理1次促进果实膨大，过早处理容易产生无核果粒。不同品种对激素的敏感性略有差异。

2. 有核品种无核化处理

采用GA_3进行有核品种无核化处理的关键时期是开花前后，巨峰系品种一般在开花前后采用10～25mg/L的GA_3浸蘸花序1

次。有核品种无核化处理后需要在花后10～15d进行膨大处理，可采用25mg/LGA_3加5～10mg/LCPPU进行第2次处理促进果实膨大。阳光玫瑰的花序对赤霉酸极为敏感，如用量较大容易引起花序过度分离导致穗形差，还容易引起花序扭曲变形。因此处理后5h内，温度需控制在25℃以内，赤霉酸用量控制在20mg/L以内，如果处理后5h内温度在30℃左右，赤霉酸用量最好为10mg/L。

3. 无核品种处理

无核品种由于没有种子，所以果粒较小、坐果不良，需要进行促进坐果和果实膨大处理。夏黑在盛花期采用50mg/L的GA_3处理1次，花后10～15d采用50mg/L GA_3加2～5mg/L CPPU处理促进果实膨大。希姆劳特在坐果后施用100mg/L GA_3促进果实膨大。不同葡萄对植物生长调节剂的需要如表6-1。

表6-1 不同葡萄用植物生长调节剂处理时期及浓度

葡萄	使用目的	使用时期	使用种类浓度（mg/L）
果穗紧的品种	拉长花穗	开花前15～20d	3～5 GA_3
二倍体美洲种无核栽培（除希姆劳德外）	保果；诱导无核	盛花期前14d左右	100 GA_3＋2～5 CPPU
	诱导无核；膨大果粒	第1次盛花期前14d左右 第2次盛花时期后10d左右	第1次：100 GA_3 第2次：75～100 GA_3＋5～10 CPPU
二倍体美洲种有核栽培（除康拜尔早生外）	膨大果粒	盛花期后10～15d	50 GA_3＋5～10 CPPU
二倍体欧亚种无核栽培	保果	开花初期至盛花期前或盛花期至盛花期后3d	2～5 CPPU或25 GA_3＋2～5CPPU
	诱导无核；膨大果粒	第1次：盛花期至盛花期后3d 第2次：盛花期后10～15d	第1次：25 GA_3 第2次：25 GA_3＋5～10 CPPU

（续）

葡萄	使用目的	使用时期	使用种类 浓度（mg/L）
二倍体欧亚种有核栽培	膨大果粒	盛花期后10～20d	25 GA_3
三倍体品种	保果；膨大果粒	第1次：盛花期至盛花期后3d 第2次：盛花期后10～15d	第1次：25～50 GA_3 第2次：25～50 GA_3+5～10 CPPU
四倍体巨峰系无核栽培	诱导无核	盛花期至盛花期后3d	12.5～25 GA_3
	诱导无核；膨大果粒	第1次：盛花期至盛花期后3d 第2次：盛花期后10～15d	第1次：12.5～25 GA_3 第2次：25 GA_3
		盛花期后3～5d（落花期）	25 GA3+10 CPPU
四倍体巨峰有核栽培	膨大果粒	盛花后15～20d	5～10 CPPU
玫瑰露	无核	花前14d	100 GA_3+1～5 CPPU、TDZ
	防止落花落果	始花期至盛花期	5～10 CPPU、TDZ
	促进果粒膨大	盛花后10d	75～100 GA_3+3～5 CPPU、TDZ
蓓蕾玫瑰	早熟；果实膨大 果实膨大	花前14d和盛花后10d 花后10～15d	100 GA_3 100 GA_3
高尾	果实膨大	盛花到花后7d	50～100 GA_3+5～10 CPPU
康拜尔早生	拉长果穗	花前20～30d	3～5GA_3

（续）

葡萄	使用目的	使用时期	使用种类 浓度（mg/L）
希姆劳特	果实膨大	坐果后	100 GA_3
巨峰、先锋、醉金香、巨玫瑰、藤稔	无核、果实膨大	开花前后和花后10～17d	第1次：10～25 GA_3 第2次：25 GA_3＋3～5 CPPU、TDZ
夏黑	促进坐果；果实膨大	盛花和花后10d	第1次：50 GA_3 第2次：50 GA_3＋2～5 CPPU、TDZ
巨峰、醉金香	防止落花落果	始花期至盛花期	2.5～5 CPPU、TDZ
翠峰	一次处理无核穗	盛花至盛开3d	12.5～25 GA_3＋5～10 CPPU、TDZ
	无核；果实膨大两次处理	开花前后和花后10～15d	第1次：12.5～25 GA_3 第2次：25 GA_3
阳光玫瑰	保果	初花期至盛花期 或者 盛花期至盛花期后3d	2～5 CPPU 或者 25 GA_3＋2～5CPPU
	诱导无核化，膨大果粒	盛花期后3～5d（落花期）	25GA_3＋10 CPPU

注：CPPU（氯吡苯脲）只能使用1次，但受降雨等影响，需补施时总次数不应超过2次。

三、果实套袋技术

葡萄套袋是生产无公害绿色果实的重要技术措施，可以减少果实生长期的病虫害、减少农药污染、减少日灼和鸟害，还可有效预防冰雹等自然灾害的伤害，提高果实外观品质，改善果粉和果皮颜色。目前葡萄园使用的果袋主要有纸袋、半透明纸袋、透明袋、无纺布袋、伞袋等。纸袋要求有较大强度和较好透气性，耐风吹雨淋、不易破碎。

（一）套袋时间

套袋要尽可能早，一般在果实坐果稳定、疏穗及疏粒结束后立即开始。一般在坐果后 15～20d，套袋时间应在上午 10 时以前或下午 4 时以后，赶在雨季来临前结束，避免高温特别是雨后高温套袋，以免发生日灼。如果果实钙吸收不足，套袋可适当延后至转色前，但封穗后套袋病害不易控制，且果实综合品质不如早套袋效果好。

（二）套袋前药剂喷施

套袋前药剂喷施尤为重要，一旦封穗后，药剂很难到达内部果粒，给孢子遇到合适湿度条件而萌发侵染留下了后患。在套袋前 1d 全园喷 1 次杀虫杀菌剂，如嘧菌酯或苯甲嘧菌酯＋氨基酸钙保证每粒果实及果梗均被药液覆盖，彻底清除果穗上的病菌，使葡萄套袋后处于无菌环境，减少后期发病概率。果面药液干燥后方可套袋，套袋前如遇雨必须重喷。套袋前如果土壤过于干旱，需要在喷药前先浇水，否则套袋后土壤干旱会加重套袋后日灼的发生。

（三）套袋方法

根据不同品种果穗大小选择合适规格的纸袋，大型品种一般选用 28cm×36cm 规格纸袋，中型品种一般选用 22cm×33cm 或者 25cm×35cm 规格纸袋。套袋前用手将袋子撑开，然后由下往上将整个果穗放入袋中，再将袋口从两边向中间折叠收缩到穗柄上，使果穗悬空在袋中，用封口丝将袋口扎紧扎严。注意一定要把袋口缠紧，不能留成喇叭张口型，否则雨水、病菌、虫容易随喇叭口进入，易引起病害、虫害。套袋时严禁用手接触揉搓果穗。套袋后注意观察袋内病虫害发生情况，如发生病害需要解袋并将果穗重新蘸药，晾干后重新套袋。对于容易发生日灼的品种可采用伞袋或在纸袋上方加一个伞袋。

（四）摘袋时间与方法

一般要在采收前10～15d除袋，改善透光透气条件以促使果实着色。为防止鸟、虫危害和空气污染，可不将果袋一次性摘除，先将底部打开，撑起，呈伞状。待采收时，再全部除去。对于容易着色的品种或者绿色品种则不需要摘袋，带袋采摘销售。

葡萄除袋后至采收前主要是让浆果着色。除袋后摘除果穗周边20cm以内的叶片，以架面下部有筛眼似的光影为准，酌留一部分，对果穗遮阴，防止果粒日灼。必要时可转穗，使果穗上色均匀。

第七章　葡萄园主要病虫害防治技术

一、综合防治的主要措施

葡萄病虫害的防治核心是贯彻“预防为主、综合防治”的植保工作方针，防重于治，以防为主，防治结合。主要包括选择适宜的土壤、选择抗病品种、选择健康健壮的苗木，科学合理的栽培技术配合物理防治、化学防治和生物防治等方法，将葡萄病虫害控制在可控的范围之内，达到丰产、优质、无公害的目的。

（一）健康苗木

无病毒、无病虫害的苗木称为健康苗木。做好优质种苗检疫是预防病虫害的第一步。植物检疫是通过法律、行政和技术的手段，防止危险性植物病、虫、杂草和其他有害生物的人为传播，保障农林业的安全，促进贸易发展的措施。

从外地调运苗木、接穗时要进行严格的检疫，严禁从疫区调运已染病或携带检疫对象的苗木、接穗等。如葡萄根瘤蚜是我国主要的检疫对象，在我国传播的主要途径便是苗木携带根瘤蚜及虫卵的远距离传播。

（二）农业防治

1. 选用抗性品种

合理选用品种是病虫害综合防治的重要基础。一般欧亚种葡萄抗病性比欧美杂交种要差，欧美杂交种的抗性较其他种间杂种要差。生产上需要根据不同环境的栽培区域合理选用不同抗性品种。

2. 加强栽培和田间管理

在种植方式上，通过提高结果部位、加强通风透光可以有效降低病虫害的发生。棚架栽培葡萄病虫害发生少于篱架，单篱架好于双篱架，宽行距好于窄行距；及时摘心、绑蔓、修剪副梢能够保证园间通风透光；合理的水肥、土壤管理，尤其是增施硅钙肥及微量元素均能促进叶、果生长，增强抗病虫能力；严格控制产量是控制病虫害发生的关键，合理的负载量不但能保障果实质量，同时也会保持良好的树势和贮藏营养，提高抵御病虫害的能力。生产上常出现的问题是盲目追求产量，造成成熟时裂果、烂果、病害大发生，丰产但不丰收，不但浪费了人力物力，而且增加了病虫害的数量，造成了恶性循环。及时清园，刮除老蔓、老皮，病虫害枝、叶、果实要一律带出果园后进行集中的烧毁，以压低病虫害发生基数。

（三）物理防治

物理防治是利用病菌或害虫对光谱、温度、声响等的特异性反应和耐受能力，杀死或趋避有害生物的方法。目前鲜食葡萄生产上应用最普遍且有效的防病措施是果实套袋，采用物理障碍把病菌或害虫与果实隔离开，减少用药和污染。

葡萄园悬挂黑光灯、频振灯，可以捕杀具有趋光性的昆虫，主要有金龟子、天牛、蝇类、椿象、吸果夜蛾、小绿叶蝉、黑刺粉虱等。捕虫灯可利用太阳能板供电，1盏灯可管理2hm^2，不但诱集效果显著，而且诱集的虫子还可以作为饲料进行畜禽养殖。

悬挂糖醋罐可以诱捕对糖醋酒等气味敏感的害虫，如金龟子、梨小食心虫、梨大食心虫、卷叶蛾等。不同地区不同种类害虫需要的糖醋酒水配比有一定差异，如防治果蝇为6∶3∶1∶10，捕杀金龟子为3∶4∶1∶2等。大部分糖醋罐内都加约2%的敌百虫可溶性粉剂。

昆虫信息素引诱剂及配套诱捕器产品（黏虫胶、诱虫板）是葡萄园、特别是设施栽培空间进行物理防治的简便有效措施。将昆虫性诱芯放置在适宜形状的诱捕器内诱捕夜蛾、天牛等的效果显著。

悬挂黄色诱虫板可以诱集对黄色敏感的蚜虫、白粉虱、斑潜蝇等多种害虫。悬挂蓝色诱虫板则对蓝色有明显趋性的蓟马、果蝇等昆虫有较好诱集效果，制成蓝板杀虫效果显著。

黏虫胶广泛适用于绿盲蝽、螨类、蚜虫、粉蚧、透翅蛾等具有爬树习性的害虫。对于种植密度小、树龄长的鲜食葡萄园，通过树干涂胶阻止害虫上下树的防治效果显著。黏虫胶带具有操作简便、维持时间长、无污染、成本低廉等优点。

另外，防虫网、防鸟网、防雹网等技术的使用，对防止虫、鸟、冰雹对葡萄的危害和提高果实商品品质有良好的效果，在生产上应大力推广。

（四）生物防治

生物防治是利用有益的生物或其代谢产物防治有害生物的方法。利用天敌、细菌、真菌、病毒或生草诱集的方法防治有害生物，是实现绿色无公害葡萄生产的关键措施。

1. 以虫治虫

葡萄害虫的天敌主要有捕食性和寄生性两大类。丁纹豹蛛和蟹蛛科的蜘蛛对葡萄斑叶蝉有良好的捕食效果。爬行型瓢虫类如红环瓢虫、黑缘红瓢虫、红点唇瓢虫能够捕食东方盔蚧。

寄生性天敌主要包括各种寄生蜂类昆虫。管氏肿腿蜂能够寄生钻蛀天牛类害虫，搜索天牛并将蜂毒注入寄主使其麻痹，然后取食发育并产卵。肿腿蜂在河北、山东一年发生5代。肿腿蜂最佳释放时期是天牛幼虫期。

2. 以菌治虫

细菌如苏云金杆菌、松毛虫杆菌等芽孢杆菌可寄生感染葡萄上的棉铃虫、斜纹夜蛾等鳞翅目害虫。真菌中白僵菌、绿僵菌较为普遍，白僵菌制剂对葡萄上鳞翅目、同翅目、膜翅目等害虫有效。病毒如核型多角体病毒（NPV）主要感染葡萄上的鳞翅目、双翅目、膜翅目的幼虫。

3. 以草治虫

葡萄园内的许多害虫是杂食性害虫，如绿盲蝽和棉铃虫。棉铃虫的首选寄主是棉花。绿盲蝽卵孵化后的第 1、2 代首选寄主主要是绿草，但由于清耕及单一种植导致葡萄成了绿盲蝽的主要危害对象，因此建议自然生草或种植害虫喜好草种进行诱集，以便进行集中捕杀。同时配合释放天敌或使用生物农药等，如组建绿板和野苋菜诱集绿盲蝽、种植悬钩子结合寄生蜂防治叶蝉。此外，种植紫花苜蓿、夏至草、小麦，可以吸引较多的捕食性天敌并有利于其种群数量的扩大，能较好地控制叶螨及蚜虫。

4. 以菌治菌

MI15 菌株能产生农杆菌素，抑制根癌病菌的生长，进而防治葡萄根癌病。枯草芽孢杆菌是国际上公认的绿色环保型生物杀菌剂，对葡萄蔓枯病菌和灰霉病菌均有较好的防效，且能促进植株生长。现已成功开发并投入生产的商品制剂有百抗、麦丰宁、纹曲宁、依天得等。

对葡萄灰霉病病菌具有拮抗作用的生物防治木霉菌主要有哈茨木霉、绿色木霉、长枝木霉、康氏木霉，抑菌率达 61.8%～77.6%。由木霉菌研制出的商品制剂 Trichodex 已经在 20 多个国家注册推广。

（五）化学防治

化学防治是在提倡物理防治、生物防治的基础上，按照病虫害发生规律，科学合理地运用化学药剂，将病虫害的发生程度控制在经济允许的水平之下，目标是不成灾、不减产、不减效。化学农药防治是目前果树病虫防治的必要手段，见效快、效果显著、使用方便，但对果实会不可避免地造成污染。因此首先要选择符合绿色食品生产要求的高效低毒低残留化学农药，特别是选用非化学合成的生物制剂，其次是根据病虫害发生种类、发生规律及气候特点，把握使用农药的关键时期，采用高效喷药器械，将农药使用量降到最低限度。病害防控重在预防，休眠期喷施铲除剂，春季发芽期使用石硫合剂，可有效降低病虫害的基数，减轻次年发生程度。

值得注意的是，长期使用化学农药容易导致病虫产生抗药性，这是对植保工作的严峻挑战。自1908年Melander首次报道美国加州梨园蚧对石硫合剂产生抗性以来，已发现50余种杂草、近100种植物病原菌、600多种昆虫和螨类对1种或多种农药产生了抗性，不但增加了防治成本，而且增加了防治难度。三唑类药剂会对某些品种的幼果产生药害，应注意避免，建议使用推荐倍数。避免单一连续用药，以免产生抗药性。

二、主要病害防治技术

（一）葡萄霜霉病

1. 病原菌及发病规律

葡萄霜霉病是葡萄单轴霉菌寄生引起的，该菌为专性寄生菌，只危害葡萄。葡萄霜霉病的发病条件为叶片水分和温度。温度达到11℃时萌发，发生的最适宜温度为22～25℃，高于30℃或低于10℃都会抑制霜霉病的发生。初侵染由落叶和芽中的卵孢子、菌丝借风雨传播到葡萄上，由叶背气孔侵入，构成春天的初侵染。在适宜的温度及湿度条件下，一个生长季节可以进行多次重复侵染。

2. 危害症状

葡萄霜霉病病菌主要危害叶片，也能危害葡萄的新梢、卷须、叶柄、花序、穗轴、果柄和幼果等幼嫩组织。叶片发病初期呈水渍状不规则黄色病斑，后扩展为黄色至褐色多角形病斑，叶斑背面生白色霜霉状物。严重时整个叶背布满白色霜霉层（彩图7-1）。叶片脱落后期，霜霉层变为褐色，叶片干枯。新梢、叶柄、穗轴发病时会产生褐色斑点，略凹陷，潮湿时也产生白色霜霉状物。花穗腐烂干枯。幼果变硬，后变为褐色，软化、干缩、易脱落。该病的诊断关键点是观察受害部位是否有白色的霜霉状物。

3. 防治方法

关键时期：水分是霜霉病发生的直接因子，因此防治要以降雨或大气湿度为判断标准。遇春季阴雨潮湿的年份，夏季大雨之后或夏秋阴雨连绵时期都需要采取防治措施。开花前后是预防的第1个关键时期。

农业及物理机械防治：避雨栽培和地面覆盖是防治霜霉病的关键农业防治措施，其他需要注意的问题参考本章综合防治中的农业防治措施。

化学防治：通过施用保护性杀菌剂，防控葡萄霜霉病。在葡萄萌芽前喷施1次石硫合剂；花前、花后各用1次铜制剂，常用铜制剂有80%波尔多液可湿性粉剂600～800倍液、30%氧氯化铜悬浮剂800～1 000倍液等。

及时监测田间病害，利用治疗剂进行病害控制：根据病害发生情况及气象条件，喷施3～5次治疗剂。常用的药剂有50%烯酰吗啉可湿性粉剂1 000倍液、25%精甲霜灵可湿性粉剂2 500倍液、25%嘧菌酯水分散粒剂、25%吡唑醚菌酯悬浮剂2 000倍液等。霜霉病爆发后，救急药物可以使用特效杀菌剂如增威赢绿3 000倍液。

注意避免单一用药，建议治疗剂与保护性杀菌剂混合或交替使用。喷药的关键部位是叶片背面。

（二）葡萄白粉病

1. 病原菌及发病规律

葡萄白粉病的病原菌为葡萄钩丝壳菌，以菌丝体在受害组织或芽鳞内越冬，第2年春季产生分生孢子，借风雨传播，穿透组织表皮而侵染，生长季多次再侵染。分生孢子萌发的适宜温度为25～28℃，与大多数的真菌不同，葡萄白粉病菌是一种耐旱的真菌，虽然较高的相对湿度有利于其分生孢子的萌发和菌丝生长，但在相对湿度低到8%的干燥条件下，其分生孢子也可以萌发。相反，多雨对白粉病菌反而不利。分生孢子在水滴中会因膨压过高而破裂。因此，干旱的夏季和温暖、潮湿、闷热的天气以及设施栽培环境有利于白粉病的发生。

2. 危害症状

葡萄白粉病主要危害葡萄的叶片、果实、新梢等，幼嫩组织最容易感染。发病叶片正面覆盖白粉状物，严重时叶面卷曲不平、白粉布满叶片（彩图 7-2）。新梢受害，初期呈灰白色小斑，后扩展至全蔓呈暗灰色，最后变为黑色。幼果受害先呈褐绿色斑块，果面出现星芒状花纹，上覆白粉状物（彩图 7-3），病果畸形、味酸，多雨时裂开至腐烂。葡萄白粉病发病严重时，叶片卷缩枯萎、脱落，病粒变硬脱落，严重影响果实的产量和品质。

3. 防治方法

关键时期：萌芽前后是葡萄白粉病防治的关键时期，最好在芽鳞裂开、尚未发芽时对越冬菌丝体进行细致防治，能达到事半功倍的效果。

农业防治除按照本章综合防治中的农业防治措施进行外，还要注意调节果园小气候，如生草、微喷等。

化学防治：通过施用保护性杀菌剂，防控葡萄白粉病。在秋季葡萄埋土前和春季葡萄发芽前各喷 1 次 3～5 波美度石硫合剂，发芽后喷 0.2～0.3 波美度石硫合剂或 80％波尔多液可湿性粉剂 400～500 倍液，开花前至幼果期喷施 2～3 次 50％甲基硫菌灵可湿性粉剂 500 倍液或 25％嘧菌酯水悬浮剂 2 000 倍液。

病害发生期，及时喷施 20％苯醚甲环唑水分散粒剂 3 000～5 000倍液，可以兼治炭疽病、白腐病，对幼果安全，正常使用不会抑制生长。25％三唑酮可湿性粉剂 1 000 倍液、50％嘧菌酯水分散粒剂 3 000 倍液等对白粉病也有较好的防治效果。

防治中需要注意的问题：应在发病前或者发病初期开始用药，发病期需要连续用药 3～5 次才能有效地控制病害。三唑类药剂在某些品种上会对幼果产生药害，应注意避免，建议使用推荐倍数。石硫合剂污染幼果较严重，用药时间要避开高温。科学用药，提高防治效果。避免单一连续用药，保护剂与治疗剂要交替使用。

（三）葡萄炭疽病

1. 病原菌及发病规律

葡萄炭疽病是由胶孢炭疽菌和尖胞炭疽菌引起的。在中国引起葡萄炭疽病的主要病原菌是胶孢炭疽菌，该病菌主要以菌丝体在一年生枝蔓表层组织及病果残体上越冬，葡萄架或植株上的病果穗、穗轴、卷须、叶柄等也是病原菌越冬的场所。病害的发生与降雨关系密切，降雨早，发病也早。多雨的年份发病情况重，果皮薄的品种发病较严重。早熟品种由于成熟期早，在一定程度上有避病的作用，晚熟品种往往发病较严重。土壤黏重、地势低、排水不良、坐果部位过低、管理粗放、通风透光不良均能招致病害严重发生。

2. 危害症状

葡萄炭疽病是我国葡萄四大病害之一，主要危害葡萄果实，也危害穗轴、当年的新枝蔓、叶柄、卷须等绿色组织。在幼果期患病果粒表现为黑褐色、蝇粪状病斑，但基本看不到发展，等到成熟期发病。成熟期果实患病，初期为褐色、圆形斑点，而后逐渐变大并开始凹陷，在病斑表面逐渐生长出同心轮纹状排列的小黑点（分生孢子盘），天气潮湿时，小黑点变为小红点，呈肉红色，类似于粉状的黏状物，为炭疽病病原菌的分生孢子团，这是炭疽病的典型症状。随后果粒软腐易脱落，后期干缩成僵果，整穗不落（彩图7-4）。

3. 防治方法

关键时期：葡萄炭疽病防治要早，坐果后至果实封穗前细致喷药消灭初侵染病菌。

农业防治按照本章综合防治中农业防治措施进行。

化学防治：常用保护性杀菌剂有80%波尔多液可湿性粉剂600～800倍液、30%氧氯化铜悬浮剂800～1 000倍液或42%代森锰锌悬浮剂600～800倍液等。病害发生期喷施20%苯醚甲环唑水分散粒剂3 000～5 000倍液、25%吡唑醚菌酯乳油2 000～4 000倍液或80%戊唑醇水分散粒剂6 000～10 000倍液等。

（四）葡萄白腐病

1. 病原菌及发病规律

我国发生的葡萄白腐病的病原主要是白腐垫壳孢，属于子囊菌无性型垫壳孢属真菌。病菌主要以分生孢子器和菌丝体在病残体和土壤中越冬，病菌在土壤中可存活2年以上，且以表土20cm深处最多。越冬病菌主要靠雨水崩溅传播。受害部位发病后产生的分生孢子借雨水传播可以进行多次再侵染。高温高湿的气候条件是该病害发生和流行的主要因素。葡萄生长中后期，每次雨后都会出现一个发病高峰，特别是在暴风雨或冰雹之后，造成大量伤口，病害更易流行。白腐病菌主要通过伤口、蜜腺侵入，一切造成伤口的因素如暴风雨、冰雹、裂果、剪口、撕扯副梢等均可导致病害严重发生。白腐病主要危害葡萄的老熟组织和果实，多从果粒着色前后或膨大后期开始发病，越接近成熟受害越重。由于土壤中病菌数量多，因此果穗距地面越近，发病越早、越重。据北方葡萄产区统计，50％以上的白腐病果穗发生在距地面80cm以内。

2. 危害症状

葡萄白腐病主要危害果穗，也危害枝梢、叶片和花穗等部位。果实受害后病斑初呈浅灰褐色，全果变软变色，表面密生灰白色小粒点，逐渐干缩，最后呈深褐色僵果，病果粒多数脱落（彩图7-5）。穗轴上病斑初呈淡褐色，轮廓不明显，渐扩大并变为褐色。当病斑将穗轴大部分围起时，穗轴逐渐干缩，使整穗果粒凋萎脱落。近年新梢受害现象加重，新梢发病多在受伤部位，起初为淡褐色、水渍状、不规则斑点，扩展后成梭形大斑，略凹陷，表面生出灰白色小点，当病斑缠绕一周后会引起上部枝叶枯黄，后期病部皮组织纵裂呈丝麻状湿烂。

3. 防治方法

关键时期：萌芽前后施用铲除剂非常重要。封穗之前是预防关键时期，能够造成伤口的病虫害爆发后以及冰雹发生后是喷药防治的关键时期。由冰雹造成的伤口在12～18h内药剂处理有效，超过24h则无效。

农业防治按照本章综合防治中的农业防治措施进行。

化学防治：常用保护性杀菌剂包括42％代森锰锌悬浮剂600～800倍液、80％福美双可湿性粉剂1 000倍液、70％丙森锌可湿性粉剂 600 倍液等；病害发生期喷施 20%苯醚甲环唑水分散粒剂 3 000～5 000 倍液、40%氟硅唑乳油 8 000 倍液、30%苯醚甲环唑·丙环唑乳油 2 000～3 000 倍液、80%戊唑醇水分散粒剂 6 000～10 000倍液等。

注意事项：①出土上架后，使用硫制剂对枝蔓进行药剂消毒；②进行摘心及剪副梢等操作时注意天气预报，避免遭遇降雨，因为新造成伤口遇雨甚至露水很容易发病，因此修剪后应及时施药；③冰雹发生后立即用药；④在田间发现白腐病的病果后要及时剪除，并进行药剂处理；发病严重时喷布土壤也有效。

（五）葡萄黑痘病

1. 病原菌及发病规律

我国常见的葡萄黑痘病病菌的形态为无性态，属半知菌亚门葡萄痂圆孢菌。葡萄黑痘病以菌丝体在病枝梢、病果及病叶痕内越冬，以结果母枝上的病斑为主。翌年春季产生分生孢子，借风雨传播，进行初次侵染。病害的发生与降雨、大气湿度、植株幼嫩情况和品种密切相关。地势低洼，排水不良，通风透光性能差，田间小气候空气湿度高，管理粗放，树势衰弱，使用氮肥多导致植株徒长的果园发病重。一般葡萄抗病性随组织成熟度的增加而增加，如嫩叶、幼果、嫩梢等最易感病，停止生长的叶片及着色的果实抗病力较强。

2. 危害症状

葡萄黑痘病主要危害葡萄的绿色幼嫩部分，如幼果、嫩叶、叶柄、新梢和卷须等。叶片受害初期为针头大小的褐色小斑点，病斑扩大后呈圆形或不规则形，中央灰白色，边缘暗褐色或紫色，直径 1～4mm，病斑常自中央破裂穿孔（彩图 7-6）。幼果受害，先在果面出现褐色小圆斑，后渐扩大，病斑中央呈灰白色，稍凹陷，上生黑色小粒点，边缘紫黑色，似鸟眼状（彩图 7-7）。新梢、卷须、叶柄和果柄受害，初期呈褐色圆形或不规则形小斑点，后扩大为灰黑色近椭圆形，边缘深褐色，中部显著凹陷并开裂，形成溃疡斑，蔓上溃疡斑有时向下深入直到形成层。病梢停止生长，以致枯萎变干变黑。嫩叶受害，初期呈现针头大小的褐色或黑色小点，斑点很多时嫩叶皱缩以致枯死。春季葡萄萌芽后开始直至9月，这期间均可发病，该病是南方地区葡萄种植的主要病害。

3. 防治方法

关键时期：春季葡萄萌芽至展叶期，新梢生长和花期前后，幼果膨大期，秋末至越冬期。

农业防治：搞好田园卫生，清除菌源。做好冬季的清园工作，降低越冬病原菌的基数。冬季修剪时，剪除病枝梢和残存的病果，刮除病、老树皮，彻底清除果园内的枯枝、烂叶、烂果等。生长季节及时摘除病果、病叶和病枝梢，降低田间病原菌数量。

加强栽培管理：合理肥水，增施氮磷钾肥，避免偏施氮肥，增强树势。地势低洼的果园，要搞好雨后及时排水工作，防止果园积水。适当疏花疏果，控制果实负载量。

化学防治：常用保护性杀菌剂有30%氧氯化铜悬浮剂800～1 000倍液、42%代森锰锌悬浮剂600～800倍液等。病害发生期喷施40%氟硅唑乳油8 000～10 000倍液、10%苯醚甲环唑水分散粒剂3 000倍液、25%嘧菌酯悬浮剂5 000倍液等。

注意事项：防治葡萄黑痘病应采取减少菌源、加强田间管理及配合药剂防治的综合措施。

（六）葡萄酸腐病

1. 病原菌及发病规律

葡萄酸腐病是一种特殊的复合病害，病原尚未明确，多数研究者认为：葡萄酸腐病是由酵母菌和醋酸菌引起的。常见酵母菌有：*Candida* spp.（假丝酵母属）、*Pichia* spp.（毕赤酵母属）和 *Hanseniaspora* spp.（有孢汉生酵母属）、*Issatchenkia* spp.（伊萨酵母属）；常见细菌有：*Gluconobacter* spp.（葡萄糖杆菌属）、*Acetobacter aceti*（醋化醋杆菌）和 *Acetobacter pasteurianus*（巴氏醋杆菌）。

葡萄酸腐病是真菌、细菌、昆虫三方联合危害的结果。酸腐病的病原真菌是酵母菌，它在自然界中普遍存在，酵母菌可以参与糖的转化，把糖转化成乙醇；导致酸腐病的病原细菌是醋酸菌，它可以把乙醇转化为醋酸；携带传播酵母菌与醋酸菌病原的昆虫是醋蝇，它体积小，成虫体长一般不超过 0.5cm。

伤口是造成葡萄酸腐病发生的基础。伤口主要包括裂果造成的伤口、鸟害造成的伤口、机械损伤与白粉病等病害造成的伤口等。引起裂果的原因很多，首先与品种有关系，品种间抗病性差异尚未发现规律，但皮薄，容易裂果的品种发病重，如早熟品种绯红就容易产生裂果；其次与栽培管理和气候条件有关系，如干旱天气后突然降雨或者浇水，很容易产生裂果；再者与土壤肥力也有关系，如土壤缺钙很容易产生裂果；果实感染了白粉病后，果粒表面也容易开裂，产生伤口；鸟害和机械损伤等也是产生伤口的重要原因。没有了这些伤口，酵母菌、醋酸菌就失去了生长繁殖的有利条件，就不能造成该病的大发生。

葡萄封穗期是该病发生危害的开始。一般来说，在葡萄封穗后开始上色时，该病开始发生，这时葡萄果粒接近于成熟，果粒内糖含量较高，酸含量较低，利于酵母菌、醋酸菌的生长。一旦出现伤口，酵母菌就在伤口处将糖转化成乙醇，葡萄果粒伤口吸引醋蝇前去活动，乙醇遇到醋蝇身体上携带的醋酸菌，即被氧化成醋酸，产生酸味。产生的酸味再吸引更多的醋蝇前来取食，醋蝇在这样的环境下取食，身体上同时沾染了酵母菌和醋酸菌。沾染酵母菌和醋酸菌的醋蝇飞到其他的果实上产卵后，卵孵化出幼虫在果粒上面爬行，产生伤口，重新危害。田间调查发现，经过套袋的红地球等品种，在果实马上着色时，醋蝇通过果袋的下方小口进入果袋，照样造成酸腐病的危害。

因品种不同，该病的发生时期是有区别的。早熟品种进入封穗期、果粒上色时间较早，发病早，晚熟品种一般较晚。但是早熟品种的发病为晚熟品种提供了病原条件。阴雨高湿是该病发生的有利条件。晴朗的天气，在太阳光的直接照射下，真菌和细菌很难存活。

阴雨天气时，田间光照少、湿度大，有利于酵母菌的生长发育与该病的发生。葡萄植株生长旺盛、田间植被茂密，会造成果穗附近潮湿、少光的小气候，利于病菌的生长，从而有利于酸腐病的发生。

2. 危害症状

葡萄酸腐病主要危害成熟期的果实，最早在葡萄封穗后开始危害。发生酸腐病的果穗主要表现为：果皮与果肉有明显的分离，伤口漂白，果肉腐烂，果皮内有明显的汁液，到一定程度后，汁液常常外流；果粒有酸味；有粉红色小醋蝇成虫出现在病果周围，并时常有蛆出现。套袋后的葡萄在果穗下方的果袋部位，常有因果肉内汁液流出而造成的深色污染（彩图 7-8）。

3. 防治方法

葡萄酸腐病发生的前提是果实上有伤口，产生伤口的主要原因是裂果和鸟害，因此酸腐病的防治关键是避免果实受伤害。一些地区由于对其发生的原因及规律了解不清，缺乏有效的防治措施，给生产上造成很大的损失，甚至全园绝收，严重威胁着葡萄的生产，而且有进一步加重的趋势，必须引起高度重视。

加强栽培管理：防止造成伤口，如控制刺吸性害虫危害，冰雹多发地架设防雹网，合理负载，避免因产量过高、氮肥过量导致的果实裂果现象。科学使用农药和植物生长调节剂，避免因用药造成果皮伤害和裂果。拉长花序或延迟摘心等避免果穗过紧，发现病穗后及时剪除病果粒并远离果园掩埋；

物理防治：可以制作一定数量的糖醋液诱杀醋蝇成虫，将容器分别挂于田间多个地点，利用醋蝇对糖醋液的趋性，对其进行早期诱杀。

化学防治：原则是以防病为主，病虫兼治。根据国内外防治资料，杀菌剂和杀虫剂配合施用是目前防治酸腐病的较好办法。自封穗期开始用各种铜制剂进行杀菌，转色期后杀菌剂及杀虫剂混合使用。发现酸腐病的紧急处理：先用具有熏蒸效果的杀虫剂如敌敌畏500 倍液喷葡萄行间的地面，待醋蝇死掉后马上剪除烂穗果粒，用80％波尔多液可湿性粉剂 400～600 倍液与 10％高效氯氰菊酯乳油

2 000 倍液的混合液涮果穗；或者用 70%丙森锌 1 500 倍液和 50%灭蝇胺水可溶性粉剂 2 000 倍液喷施病果穗，水量要足够大。待果蝇完全死掉后，马上剪除烂穗或有伤口的穗，用容器盛放，带出园外远距离后挖坑深埋。

（七）葡萄灰霉病

1. 病原菌及发病规律

葡萄灰霉病菌主要在病枝、树皮和僵果中越冬。第 2 年春季形成分生孢子侵染花序及幼叶。分生孢子借风雨甚至空气流动传播，病菌侵入后常常潜伏不发病，待条件具备时侵染，造成大面积流行。但在盛夏，随着高温季节的到来，该病又停止流行，直到天气转凉后再度发病。一年中灰霉病有 3 次发病高峰，第 1 次在开花前后，5 月中旬至 6 月上旬，主要危害花和幼果，常引起花序腐烂、干枯和脱落，并进一步侵染果穗和穗轴；第 2 次发病在果实转色至成熟期，病菌最易从伤口侵入，果粒、穗轴上出现凹陷病斑，很快果穗软腐、果梗变黑，形成鼠灰色霉层；第 3 次在采后贮藏过程中，若管理不当会发生灰霉病，发病时有明显的鼠灰色霉层，造成果穗腐烂。

2. 危害症状

该病菌不但危害花序、幼果，也常在成熟果实中潜伏存在，因此成为贮运、销售期间引起果实腐烂的主要病害。花序、幼果感病，先在花梗、小果梗、穗轴上产生淡褐色、水浸状病斑，后病斑变褐并软腐。空气潮湿时，病斑上可产生鼠灰色霉状物（彩图 7-9），随后花序、幼果失水萎缩，造成大量的落花落果，严重时可整穗落光。新梢及幼叶感病，产生淡褐色或红褐色、不规则的病斑，病斑多在靠近叶脉处发生。不充实的新梢在生长季节后期发病，表皮呈漂白色，有黑色菌核或形成孢子的灰色菌丝块。转色后果面上出现褐色凹陷病斑，先在果皮裂缝处产生灰色孢子堆，后蔓延到整个果实，最后长出灰色霉层。

3. 防治方法

农业防治按照本章综合防治中农业防治措施进行。

化学防治：花前10d及始花前1～2d是药剂防治的关键时间，一般掌握在开花前、套袋前和果实近成熟期喷施1～2次药剂，可有效地防治葡萄灰霉病。无病症时选用保护剂，如50%福美双可湿性粉剂1 000～1 200倍液、50%腐霉利可湿性粉剂1 000倍液、50%异菌脲可湿性粉剂500～600倍液等。一旦发现有症状，疏除所有被感染的病果后，立即喷施治疗剂如3%多抗霉素可湿性粉剂200倍液、40%嘧霉胺悬浮剂800～1 000倍液、10%多抗霉素可湿性粉剂600倍液等。在发病较重的葡萄园中，一般以治疗剂与保护剂交替使用为好。在使用药剂防治时，除了抓住关键期、对症用药外，还要保证药剂为正品且优质。喷药做到均匀、周到，重点喷施易感病部位。

（八）葡萄溃疡病

1. 病原菌及发病规律

葡萄溃疡病1972年最早报道于埃及，目前已在欧美葡萄主产国造成危害，我国首例于2009年在江苏发现。

葡萄溃疡病主要由葡萄座腔菌属的真菌（*Botryosphaeria* sp.）引起，病原菌可以在病枝条、病果等病组织上越冬越夏，主要通过雨水传播，树势弱容易感病。国家葡萄产业体系曾设置专岗对该病进行研究，已经发现病原有多个种，其中*B. thotidea*为优势种群，在19个省市均有发现；而*B. rhodina*主要发生于长江以南；*B. obtusa*主要发现在河北、山东等环渤海地区。李兴红团队建立了以PEG介导的葡萄溃疡病菌的REMI转化技术体系，构建了REMI转化子库，制定了葡萄抗溃疡病的抗性评价技术体系，对我国25个主栽葡萄品种的抗病性进行了测定。

2. 危害症状

葡萄溃疡病主要危害转色期果实和枝干。果实受害症状为穗轴出现黑褐色病斑，随后向果梗发展，引起果梗干枯致使果实腐烂脱落或逐渐干缩（彩图7-10）。当年生枝条受害症状为出现灰白色梭形病斑，病斑上着生许多黑色小点，横切病枝条维管束变褐。也有的枝条病部表现红褐色，叶片受害症状表现为叶肉变黄呈虎皮斑纹状。品种之间抗性差异明显但无规律。

3. 防治方法

农业防治按照本章综合防治中的农业防治措施进行。

化学防治：有溃疡斑的枝条尽量剪除，然后用40%氟硅唑乳油8 000倍液处理剪口或发病部位；刮治枝干病斑，用50%福美双可湿性粉剂和有机硅均匀涂抹；零星病株可用25%嘧菌酯悬浮剂1 500倍液和40%苯醚甲环唑水分散粒剂4 000倍液稀释灌根，每棵树灌250～500g；套袋前用25%嘧菌酯悬浮剂2 000倍液和40%苯醚甲环唑水分散粒剂4 000～5 000倍液、24%甲硫己唑醇悬浮剂1 000倍液、25%丙环唑乳油4 000倍液进行喷雾防治。尤其是果穗部位，解袋后剪除烂果及发病部位，用50%抑霉唑乳油3 000倍液处理伤口，药液干后及时更换新袋。

（九）葡萄枝枯病

1. 病原及发病规律

葡萄枝枯病病原菌为 *Pestalotia menezesiana* Bresadola et Torrey，属于半知菌亚门，盘多毛孢。病原菌主要以菌丝体在葡萄的病枝、叶、果等病残体中越冬，或以分生孢子潜伏在枝芽和卷须上越冬。第2年春天分生孢子借助气流、风雨传播，通过寄主的伤口侵入。

2. 危害症状

葡萄枝枯病主要危害枝蔓，也可危害穗轴、果实和叶片。枝蔓受害出现黑褐色长椭圆或纺锤形条斑，表面有时纵裂，木质部出现暗褐色坏死，维管束变褐；穗轴发病最初为褐色斑点，随后扩展为长椭圆形，严重时全穗干枯；果实上病斑为圆形或不规则；新梢得病会干枯死亡；叶部病斑近圆形。

3. 防治方法

农业防治按照本章综合防治中农业防治措施进行。

化学防治主要是剪除病枝条集中销毁，在剪口处涂抹甲基硫菌灵、多菌灵等杀菌剂，防止病菌入侵。

（十）葡萄穗轴褐枯病

1. 病原及发病规律

葡萄穗轴褐枯病的病原为葡萄生链格孢霉菌，属于半知菌亚门真菌。病原菌主要以分生孢子在枝蔓表皮或幼芽鳞片内越冬，第2年春天幼芽萌动至开花期分生孢子入侵，形成病斑后，发病部位又产生分生孢子，借助风雨，进行再次侵染。

2. 危害症状

主要危害葡萄幼穗，有时也可危害幼果和叶片。葡萄开花前后多在幼穗的分枝穗轴上发生淡褐色、水渍状斑点，湿度大时病斑迅速向四周扩展，使整个穗轴变褐坏死，不久失水干枯，花穗易从分枝处折断。在潮湿多雨环境下，主穗轴、穗尖、花梗及花冠均可染病。幼果受害后在其表面形成圆形斑点，病斑深褐色至黑褐色。

3. 防治方法

农业防治按照本章综合防治中的农业防治措施进行。

化学防治：可结合花后其他病害的防治，选择药剂对葡萄穗轴褐枯病进行兼治，有效药剂有：10％多抗霉素可湿性粉剂600～800倍液、50％多菌灵可湿性粉剂600～800倍液、20％苯醚甲环唑水分散粒剂3 000倍液等。

（十一）葡萄白纹羽根腐病

1. 病原及发病规律

葡萄白纹羽根腐病的病原有性世代为褐座坚壳，属于子囊菌亚门，病原的无性世代为白纹羽束丝菌，属于半知菌亚门。病菌主要以菌丝侵染植物的根部，病菌生长的最适宜温度为22～28℃，超过31℃时不能生长。病菌的远距离传播主要靠带菌苗木等繁殖材料和未腐熟的农家肥料等，近距离传播靠菌丝的生长和根系间交叉接触传染。病菌的寄主范围非常广泛，除危害葡萄外，还可侵染果树、花卉、园林树木和蔬菜中34科60余种植物。

2. 危害症状

葡萄白纹羽根腐病主要危害葡萄的根部。根部表面通常覆盖一层白色至灰白色的菌丝，有些菌丝聚集呈绳索状的“菌索”，在根茎组织上表现明显。根部受害先是危害较细小的根，逐渐向侧根和主根扩张，被害根部皮层组织逐渐变褐腐烂后，横向向内扩展，可深入达木质部。受害严重的植株可造成整株青枯死亡，一般幼树表现明显，多年生的大树死亡较缓慢。当部分根系受害后，会引起树势衰弱、发育不良、枝叶瘦弱、发芽迟缓、新梢生长缓慢。由于病树根部受害腐烂，故病株易从土壤中拔出。病树有时容易在地表处断裂，土壤下面的树皮变黑，易脱落。

3. 防治方法

农业防治按照本章综合防治中的农业防治措施进行。

化学防治：进行土壤消毒，常用的土壤消毒剂有70%甲基硫菌灵可湿性粉剂800倍液、1%硫酸铜溶液，这两种药剂用量为每株葡萄浇灌10kg左右，采用此方法可使病株症状消失，生长显著转旺。对于无法治疗的或将死亡的重病株，应及时挖除，尽可能将病残根处理烧毁，根周围的土壤也要搬出园外，病穴用70%甲基硫菌灵可湿性粉剂800倍液处理，对于临近的植株也要及时灌根，避免病害进一步蔓延。

（十二）葡萄根癌病

1. 病原及发病规律

葡萄根癌病是由根癌土壤杆菌引起的一种普遍性病害，病菌随植株病残体在土壤中越冬，条件适宜时，通过剪口、机械伤口、虫伤、雹伤以及冻伤等各种伤口侵入植株，细菌侵入后，刺激周围细胞加速分裂，形成肿瘤。雨水和灌溉水是该病的主要传播媒介，带菌苗木是该病远距离传播的主要方式。病菌的潜育期从几周至1年以上，一般6～8月为发病高峰期，温度适宜，降雨多，湿度大，癌瘤的发生量也大。土质黏重，地下水位高，排水不良及碱性土壤发病重。起苗定植时伤根、田间作业伤根以及冻害等都能助长病菌侵入，尤其冻害往往是葡萄感染根癌病的重要诱因。

2. 危害症状

葡萄被根癌菌侵染后，在根部形成大小不一的肿瘤，初期瘤质幼嫩色绿，后期木质化，严重时整个主根合成一个大瘤（彩图 7-11）。病树树势弱，产量低，寿命缩短。葡萄根癌菌是系统侵染，不但在靠近土壤的根部、靠近地面的枝蔓出现症状，还能在枝蔓和主根的任何位置出现病症。

3. 防治方法

农业防治：加强田间管理。多施有机肥料提高树势，碱性土壤适当施用酸性肥料。埋土防寒时注意避免枝干伤害。田间灌溉时合理安排病区和无病区的排灌水流向，以防病菌传播。在田间发现病株时，先将癌瘤切除，然后抹石硫合剂、福美双等药液。

繁育无病种苗及苗木消毒：繁育无病苗木是预防根癌病发生的主要途径。一定要选择未发生过根癌病的地块做苗圃，杜绝在患病园中采集插条或接穗。在苗圃或初定植园中，发现病苗应立即拔除并挖净残根集中烧毁，同时用 1%硫酸铜溶液消毒土壤。苗木消毒处理要在苗木、砧木起苗后或定植前将嫁接口以下部分用 1%硫酸铜浸泡 5min，再放于 2%石灰水中浸泡 1min，或用 3%次氯酸钠溶液浸泡 3min，以杀死附着在根部的病菌。

生物及化学防治：内蒙古自治区农业科学院园艺研究所由放射土壤杆菌 MI15 生防菌株生产出的农杆菌素和中国农业大学研制的 E76 生防菌素，能有效地保护葡萄伤口不受致病菌的侵染。其使用方法是将葡萄插条或幼苗浸入 MI15 农杆菌素或 E76 放线菌稀释液中 30min 或喷雾即可。发现病瘤要及时刮除，然后涂抹 5 波美度石硫合剂 100 倍液或硫酸铜 50 倍液。

（十三）葡萄皮尔斯病

1. 病原及发病规律

葡萄皮尔斯病是由革兰氏阴性需氧细菌 *Xylella fastidiosa* 引起的一种细菌性病害。病原体主要在葡萄和其他寄主内越冬，该病可由葡萄的繁殖材料传播，也可由吸食木质部养分的害虫传播，主要是各种叶蝉和沫蝉传播。这些蝉类通过吸食病株木质部和其他寄主上的汁液在病树与健康树之间相互传染。叶蝉吸食带病植株后，经过 2h 左右的循回期就能够传病，若虫和成虫具有同等的传病能力，介体在野生寄主上越冬，第 2 年传到葡萄上，成为重要的侵染源。

2. 危害症状

病株发芽晚，新梢生长缓慢，节间短，坐果差，枝条最初出现的 8 片叶，叶脉绿色，沿叶脉皱缩，稍变畸形，以后再长出的叶片不再显示症状，只是在生长的中后期才出现局部灼烧的症状。灼烧一般沿叶脉发生，后逐渐变黄褐色，灼烧区大小不定，呈带状从边缘向叶柄扩展。秋季病叶提早脱落但保留下叶柄，是该病判断特征之一。在叶片显症之后，果实停长并凋萎、干枯或提前着色。枝条成熟不一致，颜色斑驳。后期根系衰竭，直至干枯死亡。该病对葡萄植株是致命病害。病株可以在几个月内死亡，也可存活几年，一般幼树得病后会当年死亡。

3. 防治方法

严格检疫，防治皮尔斯病害，最关键是要禁止从疫区引进苗木。苗木要经过温水消毒，在 45℃ 热水浸约 3h 或 50℃ 热水浸 20min 可消灭皮尔斯病的病原菌。防治媒介昆虫，在叶蝉和沫蝉等昆虫集中活动时期喷施菊酯类杀虫剂进行防治。选用抗病品种，品种之间具有显著的抗性差异。美国和美洲热带区域通过种植抗该病的圆叶葡萄及其杂交种而有效防治皮尔斯病。药剂防治，施用抗生素类杀菌剂，对减轻病害有一定作用。

（十四）葡萄卷叶病

1. 病原及发病规律

迄今为止，全世界已从葡萄卷叶病株上发现了 11 种血清不相关的葡萄卷叶病毒。我国目前报道的葡萄卷叶病毒有 6 种，即 GLRaV-1、GLRaV-2、GLRaV-3、GLRaV-4、GLRaV-5、GLRaV-7。葡萄卷叶病有半潜伏侵染的特性，生长前期症状表现不明显，果实成熟期症状最为明显，在欧洲葡萄品种上表现典型的症状，在多数美洲品种及其杂交后代中多呈潜伏侵染。葡萄卷叶病毒侵染葡萄后，会在枝条、穗轴和叶柄的韧皮部聚集，在植株内不均匀分布，葡萄卷叶病毒可通过粉蚧和绵蜡蚧等近距离传播。

2. 危害症状

葡萄卷叶病是世界上严重的葡萄病毒病之一，可发生于葡萄的所有种和品种中。我国酿酒葡萄中以蛇龙珠带毒普遍且症状明显。症状随品种、环境和季节而异。春季的症状较不明显，病株矮小，萌发迟。干旱地区葡萄园 6 月初就可见叶片的症状，而湿润或灌溉区推迟至 8 月。红色品种在基部叶片的叶脉间先出现淡红色斑点，随后斑点扩大、愈合，致使脉间变成淡红色，直至最后暗红色，仅叶脉仍为绿色（彩图 7-12）。白色品种的叶片不变红，而是褪绿变黄。病叶除变色外，叶片严重下卷，变厚、变脆，这是与秋叶自然变色的典型区别。病株果穗着色浅，糖酸含量均降低。在表现症状前，叶片输导组织的韧皮部筛管、伴随细胞和韧皮部薄壁细胞均发生堵塞和坏死。叶柄中钙、钾积累，而叶片中含量下降，淀粉则积累。症状因品种而异，仅少数品种症状轻微。多数砧木品种为隐症带毒，但嫁接品种后症状显现。

3. 防治方法

选择种植无病毒苗木是预防的根本措施，在引种敏感品种枝条时特别需要对其母本园在夏秋季节进行实地观察。有条件的苗木生产者、科研单位应开展病毒检测、选育无病毒品种植株建立母本园，对主栽品种进行脱毒。如发现传播卷叶病的粉蚧等媒介昆虫，应及时进行防治。

（十五）葡萄扇叶病

1. 病原及发病规律

扇叶病是世界葡萄栽培产区重要的病毒病之一，也称为矮化病。该病原为扇叶病毒，属线虫传多面体病毒组。葡萄扇叶病主要通过接穗、插条、种苗等繁殖材料远距离传播，也可通过线虫（标准剑线虫、意大利剑线虫）近距离传播，成虫和幼虫均可以传播病毒。葡萄扇叶病症状春季明显，随着温度升高，夏季症状减弱或消失。通常，扇叶病在美洲葡萄品种及其杂交后代上症状较明显，在欧洲葡萄品种及其杂交后代上多呈潜伏侵染。

2. 危害症状

叶片受害后有 3 种表现类型：

（1）扇叶型　感病植株矮化或生长衰弱，叶片变形严重扭曲，叶形不对称呈杯状皱缩，叶缘锯齿尖锐有时伴随着斑驳，新梢表现为不正常分枝，常常出现双节现象等。

（2）黄化叶　病株叶片出现一些散生的斑点、环斑、条斑，斑驳跨过叶脉或限于叶脉，严重时全叶黄化，叶片和枝梢变形不明显。

（3）镶脉（脉带）　沿叶脉形成淡绿色或黄色带状斑纹，但叶片不变形。

花果受害表现为落花落果严重，花序小且数量减少，果粒小不整齐，小果、无核果增多，色泽不正，可减产 20％以上。

3. 防治方法

繁育和栽培无病毒苗木是防治葡萄病毒病的根本措施。由于葡萄感染病毒后终身带毒、无药可治，因此葡萄扇叶病的防治以栽培无毒苗木为主。通过热处理、茎尖培养等方法脱除病毒并检测确认母株无毒后，即可进行繁殖。建立无病毒葡萄园时，应选择 3 年以上没有种植葡萄的土地，防止残留在土中的葡萄残体或线虫成为传染源。对于已经定植的葡萄园，若发现葡萄扇叶病病株，应及时清除，病株周围的土壤可用棉隆、溴甲烷等杀线虫剂进行消毒处理。

三、主要虫害防治技术

（一）绿盲蝽

绿盲蝽属半翅目盲蝽科，分布广泛，全国各地均普遍发生，是我国重要的一种农业害虫。寄主种类较多，可危害棉花、苜蓿等多类作物。

1. 危害特征及发生规律

绿盲蝽以成虫和若虫刺吸危害葡萄的幼芽、嫩叶、花蕾和幼果，刺吸过程分泌多种酶类物质，使植物组织被酶解成可被其吸食的汁液，造成危害部位细胞坏死或畸形生长。被害幼叶最初出现细小黑褐色坏死斑点（彩图 7-13），叶长大后形成无数孔洞，叶缘开裂，严重时叶片扭曲皱缩，显得粗老或畸形。花蕾被害产生小黑斑，渗出黑褐色汁液。新梢生长点被害呈黑褐色坏死斑，但一般生长点不会脱落。幼穗被害后便萎缩脱落。受害幼果初期表面呈现不明显的黄褐色小斑点，随果粒生长，小斑点逐渐扩大，呈黑色（彩图 7-14），严重受害果粒表面木栓化，随果粒的继续生长，受害部位发生龟裂，严重影响葡萄的产量和品质。

绿盲蝽有趋嫩危害习性。一般 1 年发生 3～5 代，以卵在葡萄、桃、石榴、棉花枯断枝茎髓内以及剪口髓部越冬。在葡萄上有 2 个发生高峰，一是春季发芽后危害嫩梢，二是 9～10 月危害叶并越冬，葡萄产业体系虫害岗位在张家口酿酒葡萄基地用网捕或黄板方法发现赤霞珠品种容易聚集绿盲蝽，10 月中旬为发生高峰。成虫飞翔能力强（彩图 7-15），若虫活泼，稍受惊动便迅速爬迁。主要于清晨和傍晚刺吸危害，白天潜伏不易发现，这就是常只看到破叶而不见虫的原因。目前无论是在南方还是北方葡萄产区，绿盲蝽已经成为很多葡萄园的主要害虫之一。

2. 防治方法

农业防治：在葡萄埋土防寒前，清除枝蔓上的老粗皮，剪除有卵剪口、枯枝等。及时清除葡萄园周围棉田中的棉柴、棉叶，清除周围果树下及田埂、沟边、路旁的杂草及刮除四周果树的老翘皮，剪除枯枝集中销毁，减少绿盲蝽越冬虫源和早春寄主上的虫源。

生物防治：释放天敌，绿盲蝽的天敌有蜘蛛、寄生螨、草蛉以及卵寄生蜂等，以点脉缨小蜂、盲蝽黑卵蜂、柄缨小蜂这 3 种寄生蜂的寄生作用最大，自然寄生率达 20%～30%。利用频振式杀虫灯诱杀成虫，绿盲蝽成虫有明显的趋光性，在果园悬挂频振式杀虫灯，每台灯有效控制半径在 100m 左右，有效控制面积约 $4hm^2$，可有效减少成虫种群数量。黏虫胶带适用于稀植或棚架栽培的鲜食葡萄大树，刮去主干粗皮，4 月初在距离地面 60cm 以上粘贴胶带或者涂抹约 5cm 宽的胶（按说明书操作）。

化学防治：早春葡萄萌芽前，全树喷施 1 次 3 波美度的石硫合剂，消灭越冬卵和初孵幼虫。越冬卵孵化后，抓住第 1 代低龄期若虫期，及时进行药剂防治，常用药剂有 45%马拉硫磷乳油、2.5%溴氰菊酯乳油、5%顺式氯氰菊酯乳油，效果较好的还有新烟碱类药剂，如 10%吡虫啉粉剂、3%啶虫脒乳油等。

注意事项：由于绿盲蝽具有很强的迁移性，一家一户防治效果不理想，要根据预测预报统一防治，有条件的地区可以采取“三统一”的方法，即统一时间、统一用药、统一行动。抓住最佳时间段进行防治，根据绿盲蝽的习性，在清晨及傍晚进行防治效果最佳。喷药一定要细致、周到，对树干、地上杂草及行间作物全面喷药，做到树上树下喷严、喷全，以达到较好的防治效果。

（二）葡萄短须螨

1. 危害特征及发生规律

葡萄短须螨又称葡萄红蜘蛛，属于真螨目细须螨科，是葡萄的重要害虫之一，国内各葡萄产区均有分布。主要以成虫和幼虫在葡萄的叶片、嫩梢、穗梗和果粒上刺吸葡萄汁液。枝蔓受害后，树皮表面布满黑色污渍，生长衰弱，严重时枯死。叶片受害后，出现很多褐色斑块（彩图 7-16），叶片反卷、多皱褶，严重时干枯脱落。穗轴和果梗受害后出现连片黑色污渍，变脆，易折断。果粒表面有锈状污点，着色不佳，品质不良。

一年发生 5～6 代，以雌成螨在枝蔓翘皮下、根茎处以及松散的芽鳞绒毛内等隐蔽环境群居越冬。翌年春季萌芽时越冬代雌螨出蛰，危害刚展叶的嫩芽，半月左右开始产卵，以幼螨、若螨和成螨危害芽基部、叶和果实等幼嫩器官，随着新梢长大不断向上蔓延。每年 7～8 月是危害盛期，10 月底开始转移到叶柄基部和叶腋间越冬，

11 月下旬进入隐蔽场所越冬。葡萄短须螨的发生与温湿度关系密切，平均温度在 29℃、相对湿度在 80%～85%的条件下，适宜其生长发育，因此 7～8 月是短须螨繁殖高峰期。不同品种葡萄的受害程度差异明显，主要与葡萄叶片的形态结构关系密切，一般茸毛较短的品种受害严重。叶茸毛密而长或茸毛少、很光滑的品种受害轻。

2. 防治方法

农业防治：冬季清园，剥除枝蔓上的老粗皮烧毁，消灭在粗皮内越冬的雌成虫。春季葡萄发芽时，用 3 波美度石硫合剂混加 0.3%洗衣粉进行喷雾，对铲除越冬雌螨有良好效果。

化学防治：葡萄生长季节喷 25%三唑锡可湿性粉剂 1 500～2 000倍液或 15%哒螨灵乳油 1 000～1 500 倍液。

（三）粉虱

目前，我国危害葡萄的粉虱主要有温室白粉虱、烟粉虱，属同翅目粉虱科，均是世界性害虫，这两种粉虱在田间和保护地混合发生。两类粉虱的危害特征、发生规律及防治方法基本相同。

1. 危害特征及发生规律

两类粉虱均以成虫、若虫在葡萄叶背吸食汁液，使叶片萎蔫、褪绿，黄化甚至枯死，从而使植株生长受阻、衰弱，降低葡萄的产量和品质。同时，成虫能排出类似蜜露的物质引发煤污病，导致叶片光合作用和呼吸作用受到干扰，果实被污染，严重影响葡萄的品质。同时两类粉虱还可以传播病毒病。

在北方一年可发生 10 代左右，以各种虫态在温室越冬，如果温度合适，可以继续危害，温室条件下完成 1 代需要 30d 左右，世代重叠现象明显。第 2 年春季越冬虫卵在保护地内为害，随着温度升高，陆续从保护地迁到露地蔬菜上。虫口密度在 7～8 月迅速增加，8～9 月增长最快，10 月以后，随着温度降低，虫量显著减少，并陆续转入越冬场所。

2. 防治方法

在粉虱危害严重区提倡生产中摘除老叶，并在温室的放风口设置防虫网。清除周边杂草残株。注意苗木来源地虫情，加强检疫和消毒。

两类粉虱对黄色均有趋性，悬挂有黏虫胶的黄板诱杀效果显著，此方法在温室等保护地使用效果更高。利用天敌丽蚜小蜂进行生物防治，原则上蜂虫比为（2～3）：1为宜，10d左右释放1次，连续2～3次，对若虫和伪蛹有较好的控制效果。

化学防治：大棚栽种的葡萄利用烟熏剂，如17%敌敌畏烟剂、20%异丙威烟剂等进行熏蒸，彻底消灭棚室内的越冬虫源。喷药防治，常用药剂有10%烯啶虫胺水剂、25%噻虫嗪水分散粒剂、3%啶虫脒微乳剂、20%吡虫啉可湿性粉剂等，连续喷施2～3次，间隔7～10d，喷药一定要细致、周到。

（四）葡萄粉蚧

介壳虫是一种世界范围内普遍存在且难以防治的半翅目刺吸式害虫，目前它已逐渐成为葡萄的重要害虫之一。虽然在葡萄园有许多介壳虫种类发生，但国内外主要葡萄产区发生比较普遍且已达到防治经济阈值的是粉蚧属的真葡萄粉蚧和拟葡萄粉蚧。

1. 危害特征及发生规律

葡萄粉蚧危害葡萄主要以成虫、若虫危害枝叶、果实，除刺吸葡萄汁液，减弱树势外，虫体常排出无色黏液，污染果实、叶片，影响光合作用和葡萄品质，引起霉菌寄生，严重影响葡萄的质量和经济价值。此外粉蚧对葡萄的另一个重要影响是传播葡萄卷叶病毒。

通常情况下，葡萄粉蚧的越冬代在5月中旬至6月初发育成熟，雌虫交配后在老树皮中产卵。第1代葡萄粉蚧自6月中旬到7月孵化，然后逐渐爬至藤蔓、果实或树叶上取食。因此7～9月是葡萄粉蚧危害的主要时期，有世代重叠现象。

2. 防治方法

农业防治：对引进苗木加强检查和消毒。加强栽培管理，合理修剪、肥水，增强树势。冬季清园，刮去老皮，清除皮下产的卵。春季及时去萌蘖，粉蚧的越冬基数就会大大减少。

生物防治：葡萄粉蚧的自然天敌较多，如跳小蜂、黑寄生蜂等。

化学防治：化学防治适宜期为低龄若虫期。选择高效、低毒、内吸性强的农药，主要抓住 3 个时期：一是早春越冬若虫活动期，防治重点是前一年遗留粉蚧的一年生枝条及叶片背面；二是 1 代若虫孵化盛期；三是秋季葡萄采收、修剪期。早春和秋季越冬代防治用药可选用 48％乐斯本乳油，1 代若虫防治可选用 1.8％阿维菌素乳油、25％噻虫嗪水分散粒剂等。

（五）葡萄斑叶蝉

1. 危害特征及发生规律

葡萄斑叶蝉属同翅目叶蝉科，是葡萄园的主要害虫之一。以成虫和若虫在葡萄叶背面刺吸危害，被害叶片表面最初表现出苍白色小斑，严重危害时白斑连片，叶片黄白色，提早落叶，使树势迅速衰败，果实干瘪，其分泌物污染果面，失去商品价值，使品质下降，造成严重的经济损失。

该虫每年发生 3～4 代，以成虫在葡萄园的落叶、杂草下及附近的树皮缝、石缝、土缝等隐蔽处越冬，翌年 3 月中旬至 4 月上旬开始活动，越冬成虫 4 月中下旬产卵，5 月中下旬若虫盛发。第 1 代成虫期在 5 月底至 6 月，第 2 代和 3 代成虫分别发生于 6 月下旬至 7 月和 8 月下旬至 9 月，后期世代重叠，10 月下旬以后成虫陆续开始越冬。

2. 防治方法

农业防治：加强栽培管理，及时施肥灌水，增施有机肥，使葡萄健壮生长，提高抗病虫能力。合理修剪，改善架面通风透光条件及合理负载。葡萄架面枝叶过密、果穗留量太多，通风透光较差，斑叶蝉危害较重。因此，要及时除萌、抹芽、修剪和打副梢，减少下部叶片。生长期及时清除杂草，创造不利于其发生的生态条件，冬季清园，降低越冬基数。

物理防治：该虫对黄色有趋性，可设置黄板诱杀。

化学防治：抓好关键防治时期，发芽后是越冬代成虫的防治关键期，开花前后是第 1 代若虫防治关键期。选用药剂有烟碱类、菊酯类杀虫剂，注意交替使用，避免产生抗药性。

(六)斑衣蜡蝉

1. 危害特征及发生规律

斑衣蜡蝉又称椿皮蜡蝉,属于同翅目蜡蝉科。分布区域广泛,寄主范围广,包括葡萄、蔷薇科果树、石榴、槐、椿、桐、竹及一些观赏植物等。斑衣蜡蝉在北方葡萄产区普遍发生,但一般危害不重。2011 年在山西太谷造成明显危害。该虫以成虫、若虫刺食葡萄嫩枝、幼叶的汁液,其排泄物污染枝、叶和果实,极易招致蜂、蝇和霉菌寄生。

该虫 1 年生 1 代,以卵块于枝干上越冬。翌年 4～5 月陆续进行孵化。若虫喜欢群集在嫩茎和叶背危害,若虫期约 60d,蜕皮 4 次羽化为成虫,羽化期为 6 月下旬至 7 月。8 月开始交尾产卵,多产在枝杈处的阴面,以卵越冬。成虫、若虫均有群集性,较活泼,善于跳跃,受惊扰即跳离,成虫则以跳助飞。多在白天活动进行危害。成虫寿命可达 4 个月,危害至 10 月下旬陆续死亡。

2. 防治方法

预防关键是果园内及附近不种植臭椿、苦楝等蜡蝉喜好的寄主,减少虫源。

利用斑衣蜡蝉的寄生性和捕食性天敌——螯蜂和平腹小蜂,也能起到一定的抑制作用。

幼虫发生期喷施菊酯类杀虫剂等,虫体特别是若虫被有蜡粉,所用药液中混入 0.3%～0.4%柴油乳剂或黏土柴油乳剂,可显著提高防效。

(七)白星花金龟

1. 危害特征及发生规律

白星花金龟别名白星花金龟子、铜克螂等,属于鞘翅目花金龟科。该虫主要寄主植物为蔷薇科果树、葡萄、玉米等,通常以成虫群集取食。在葡萄上,花期和成熟期是 2 个重要的危害时期,在花期造成大量落花,使花序不整齐,不能形成商品穗形或失去整个花序；该虫取食成熟的果实，造成果实腐烂，失去商品性，并且加重酸腐病的发生。

白星花金龟在山东1年1代，以幼虫在土壤中越冬，5月上旬开始出现成虫，6～7月为羽化盛期。葡萄成熟期是危害盛期，9月下旬成虫陆续入土。成虫的迁飞能力很强，可昼夜取食，有假死性、趋化性、趋腐性、群聚性，没有趋光性。

2. 防治方法

避免施用带虫卵的未充分腐熟的厩肥、鸡粪等。定期深翻，减少越冬虫源。葡萄套袋可减少危害，但不能避免，结合防虫网或防雹网可以降低危害。

糖醋液诱杀或用含有2～3个白星花金龟成虫的细口径瓶诱杀。

厩肥诱杀：利用白星花金龟的趋腐性，在果园边侧放置腐烂秸秆、树叶、鸡粪、果菜等有机肥若干堆，每堆倒入100～150g醋、50g白酒，定期向内灌水，每10～15d翻查1次，可捕杀到大量白星花金龟成虫、幼虫、卵以及其他害虫，可有效减轻危害。虫害发生严重时喷施杀虫剂。

（八）葡萄虎天牛

1. 危害特征及发生规律

葡萄虎天牛属鞘翅目天牛科。成虫体长12～28mm，黑色。每年发生1代，以初龄幼虫在寄主枝条内越冬。7月幼虫老熟在枝条的咬断处化蛹、羽化，于芽鳞隙缝内或芽和叶柄中间产卵。卵散产，卵期约5d，初孵幼虫由芽部蛀入木质部内。

初孵幼虫先蛀入新梢的皮下进行危害，逐渐注入髓部。以低龄幼虫越冬，第2年5月向幼嫩枝蔓蛀食危害，枝蔓受害部位表面变黑，没有瘤状隆起。虫粪不排出蛀孔外，是该虫的危害特征。

2. 防治方法

农业防治：调运的种苗、接穗等繁殖材料，经抽样调查有该虫危害症状时，可采用常压熏蒸杀虫法。按照熏蒸的条件要求，选用磷化铝等熏蒸剂密闭熏蒸，可达到100%的杀虫效果。

该虫以幼虫在枝蔓内越冬，可结合修剪，除掉幼虫枝蔓，集中烧毁，消灭越冬虫源。生长期根据出现的枯萎新梢，在折断处附近寻杀幼虫。葡萄虎天牛成虫迁飞能力差，在成虫羽化产卵期的早晨，露水未干时进行人工捕杀效果好。

化学防治：在成虫羽化盛期和幼虫孵化盛期用药，防效较好的药剂有1.8%阿维菌素乳油2 000～3 000倍液、50%的辛硫磷乳油800倍液等。对于主蔓内的幼虫可用铁丝刺杀或用锥子裹着小棉球，蘸80%敌敌畏等药剂5～10倍液或将磷化铝片分成小块塞入蛀道内，再用湿泥或塑料纸封堵虫孔，熏杀蔓内幼虫。

（九）葡萄透翅蛾

1. 危害特征及发生规律

葡萄透翅蛾属鳞翅目透翅蛾科，在我国葡萄产区广泛分布，是葡萄生产上的主要害虫之一。一年发生1代，以老熟幼虫在葡萄枝蔓内越冬。幼虫共5龄，初龄幼虫蛀入嫩梢，蛀食髓部，使嫩梢枯死。7月中旬至9月下旬，幼虫多在二年生以上的老蔓中危害。10月以后幼虫向老蔓和主干集中，在其中短距离的往返蛀食髓部及木质部内层，使孔道加宽，并刺激危害处膨大成瘤，形成越冬室。

初孵幼虫直接蛀入新梢的髓部组织，水分和养分向上输送困难或中断，导致叶片变黄，引起落花落果，轻者树势衰弱，产量和品质下降，重者致使大部枝蔓干枯，甚至全株死亡。被害枝蔓逐渐膨大，形成瘤状，瘤状蛀孔外有褐色粒状虫粪。蛀孔有虫粪排出，是该虫重要的危害特征。

2. 防治方法

农业防治：结合冬剪将被害枝蔓剪除，春季萌芽后再细心检查，及时剪除不萌芽或萌芽后萎缩的虫枝，降低虫源。春末夏初幼虫孵化蛀入期间，及时剪除节间变紫红色、先端枯死的嫩梢，或叶片凋萎、干枯的被害枝蔓。7～8月，发现有虫粪的较大蛀孔，可用铁丝从蛀孔刺死或钩杀幼虫。

化学防治：幼虫蛀入枝蔓后，可清除蛀孔粪便，用50%敌敌畏原液浸泡棉球，塞入蛀孔内，用黏土或石蜡封堵蛀孔，熏杀幼虫。也可采用50％的敌敌畏乳油800倍液注射蛀孔并封堵严密。卵孵化高峰期喷施杀虫剂，常用有效药剂有1.8％阿维菌素乳油2 000～3 000倍液、50％的辛硫磷乳油800倍液等。

（十）葡萄根瘤蚜

1. 危害特征及发生规律

葡萄根瘤蚜属同翅目根瘤蚜科，是检疫性专性寄生害虫，存在完整生活史和不完整生活史2种（图7-1）。我国根瘤蚜发生主要为根瘤型，只危害葡萄根部，侵染新根形成根结（彩图7-17），侵染粗根形成菱形或鸟头状根瘤（彩图7-18）。土壤中的真菌和微生物随根瘤蚜刺吸后的伤口进入，导致被害根系腐烂、死亡。

根瘤蚜的繁殖能力极强，在敏感品种上孤雌生殖，每个雌成虫

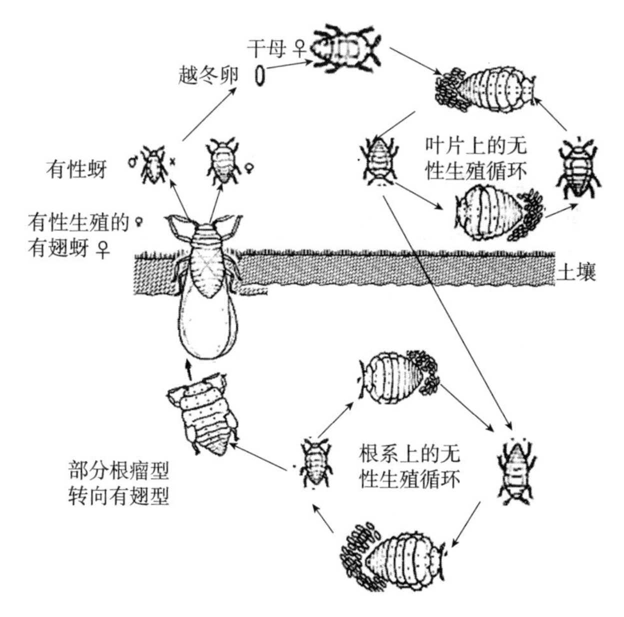

图7-1　葡萄根瘤蚜生活史
（引自Wapshere A J，1987）

可产卵200余粒。生存繁殖世代受土壤温度影响，土壤24～26℃为根瘤蚜生存繁殖的最适温度，冬季以卵和1龄若虫在根系皮层下越冬，能忍受土壤中－8℃左右的低温。

2. 防治方法

预防根瘤蚜侵染的主要途径是切断苗木传播，禁止从疫区调运苗木。已经发生根瘤蚜侵染的区域可采用烟碱类杀虫剂结合柠檬烯助剂浇灌，但只能暂时缓解树势衰退，根本方法是采用抗根瘤蚜砧木进行嫁接栽培，常用的抗根瘤蚜砧木有SO4和5BB。

（十一）葡萄线虫病害

1. 危害特征及发生规律

根结线虫属于垫刃目异皮线虫科，是我国葡萄的主要危害线虫，在我国的中部和北部葡萄产区普遍发生。根结线虫主要危害植物根部，植物根系被根结线虫侵染后会逐渐出现念珠状的根结，主要发生在植物的新根上，多个根结形成胡萝卜状。早期的根结比较小，表面光滑乳白色，质地柔软。当生长到一定大小时逐渐变褐变暗，表面粗糙，有时龟裂（彩图7-19）。

2. 防治方法

线虫在土壤中活动范围很小，病苗调运可使线虫远距离传播，田间主要通过重茬、易感寄主、灌溉水和农事操作传播。

由于土壤的固定作用，药剂防治对根结线虫效果较差，设施环境内容易发生根结线虫，可采用物理防治的方法，如休眠季节高温闷棚、蒸汽熏蒸、淹水。有效防治途径为避免重茬和采用抗性砧木。

第八章　鲜食葡萄采收与贮运保鲜技术

鲜食葡萄是我国葡萄产业的主体，鲜食葡萄的产后处理技术是实现葡萄经济效益的关键环节。随着交通条件的改善以及冷链物流的发展，越来越多的产品能够以新鲜良好的质量到达消费中心，但从总体上看，大部分葡萄的商品产后处理水平和贮运保鲜水平依然不能适应快速发展的产业需求。随着现代葡萄产业优势区域集约化栽培，更加需要结合产地预冷包装和现代低温物流技术以满足国内市场供应及国外市场流通。

一、适期采收

（一）采收成熟度

葡萄成熟的标志是表现出该品种固有的颜色、糖度和风味，种子变为褐色。绿色品种表现出淡绿色半透明，红色品种表现出固有的色泽，果粉均匀。非脆肉品种果肉开始变软并富有弹性。可以借助糖度计从浆果转色期开始，每隔3～5d采样测定含糖量变化，有条件的公司也可以测定可滴定酸含量的变化，当含糖量达到具体品种的质量需求，糖酸比例适宜，并体现出应有的风味或者满足客户的需求时，即可安排采收。

适宜的采收期应根据不同品种本身的特质及采收后的用途来确定，做到适时采收。有些欧美杂交种品种如巨峰、藤稔、夏黑等，只要酸度下降，即使糖度较低，如15%～16%时，也能有比较好的风味和明显的香气，因此可以适当早采以增加收益。但大部分品种如金手指、玫瑰香、阳光玫瑰等，需要在更高的糖度时才能体现品种的风味特色，因此不能提前采收，适当延迟采收不仅可以使浆果风味浓郁，还可以适当延长鲜果销售时间，增加鲜果销售效益。

如果采收后用于制干，则在品种完全成熟至过熟时采收为好，进一步提高果实含糖量，进而提高葡萄干的质量。如果采收后要贮运，首先需要考虑该品种的贮运特性，较耐贮运的品种基本是晚熟或晚采的欧亚种品种，如科瑞森、红地球、玫瑰香、意大利。欧美杂交种的品种大多容易果粒脱落，特别是经过植物生长调节剂处理的果穗更容易脱落。目前生产上贮藏比较多的是中晚熟品种，如巨峰、阳光玫瑰，早熟品种如夏黑、维多利亚等耐贮运能力较低。北方地区一般贮藏中晚熟葡萄，在品种达到生理成熟期或稍微提前进行采收。过早成熟度不够，过晚容易遇到早霜，影响贮藏效果。北方设施栽培适度晚采对贮藏运输影响不大，南方地区过晚采收会使果梗及果实脱水，遇雨水导致果实病害加重，不利于贮运。

（二）采收方法

采收前，先将果穗上的病果、青果、发育不良的果粒剪掉，以降低采后的搬动次数，减少落粒。如果果实采收后用于贮运，则需要在采前用食品添加剂级的采前保鲜剂如噻菌灵浸蘸果穗，这对采收季节为多雨的地区或采收时偶发降雨的地区尤为重要，否则大量潜伏在果实上的病菌将导致贮藏期间果实发生霉烂。此外，贮运保鲜的果实要求在生长季田间及采前做好病害药剂防治工作，在贮运期间引起果穗及果粒霉烂的主要病害有葡萄灰霉病、葡萄青霉病和葡萄褐腐病。在田间生长期间这些潜伏的病菌是导致后续贮运中葡萄霉烂的主要因素。采收前避免使用着色剂，着色剂只能提高果实颜色，对葡萄含糖量并没有提高作用，但却往往导致葡萄容易落粒。

采收前需要控水以提高品质，采收时选择晴朗天气、早晨露水干后进行，具体要在上午10时以前或下午3时以后为宜。此时间段气温不太高，浆果呼吸较缓慢，容易保持果实的品质，利于贮藏。避免采收期为雨季或者遇雨，采收期遇雨水一方面造成裂果，另一方面会导致果实带病菌量增加。

采收前准备好采收工具、运输车辆及劳力，适宜的果筐容量为10～12.5kg，果筐内壁事先用软布垫好。采收时戴手套，穗梗留3～5cm剪下，防止失水过多造成果梗干缩及变褐。剪下的果穗随即放入采摘筐中，采摘筐先放置在阴凉处，然后运送到分级包装库，整个过程避免在太阳下暴晒。果穗轻放，避免伤害果皮及果粉。

二、分级包装

（一）分级

葡萄果实分级是葡萄商品化生产中的重要环节，是价格衡量的标准。国外制定的分级标准如表8-1。目前我国葡萄分级尚无统一的国家标准，大部分根据果穗外观（果穗大小与松紧度）、果粒大小及成熟度、着色、含糖及含酸量进行分级，普遍认为一级果的标准为果穗穗形能代表本品种的标准穗形，果穗非常整齐无破损，果穗大小均匀，果实成熟度好，具备本品种固有色泽，全穗无脱粒；二级果标准为对果穗穗重及果粒大小没有严格要求，但要求充分成熟，风味好；三级果为一二级淘汰果。

表8-1 国外鲜食葡萄分级标准

品种	一等品		二等品		三等品		可溶性固形物含量（%）
	直径（mm）	长度（mm）	直径（mm）	长度（mm）	直径（mm）	长度（mm）	
红地球	>28.0		25.0～27.9		23.0～24.9		16.5

（续）

品种	一等品		二等品		三等品		可溶性固形物含量（%）
	直径（mm）	长度（mm）	直径（mm）	长度（mm）	直径（mm）	长度（mm）	
无核白	>19.0	>29.0	17.5～18.9	27.0～28.9	16.9～17.4	25.0～26.9	16.5
意大利	>25.0		23.0～24.9		21.0～22.9		16.0
红宝石无核	>19.0	>29.0	17.5～18.9	27.9～28.9	16.0～17.4	25.0～26.9	16.0

为进一步规范果品商品生产，实现优质优价，一些地区陆续针对本地区的主栽品种制定了地方标准。如河南针对夏黑葡萄果实质量等级制定了地方标准 DB41/T 1143－2015（表 8-2），中国农业科学院郑州果树研究所针对阳光玫瑰果实质量等级建立了规范（表 8-3），新疆维吾尔自治区针对红地球葡萄制定了地方分级标准 DB65（表 8-4）。

表 8-2　夏黑葡萄果实质量等级（地方标准）

项目名称		等级		
		一等	二等	三等
感官	基本要求	果穗圆锥形或圆柱形、整齐、松紧适中，充分成熟。果面洁净，无异味，无非正常外来水分。果粒大小均匀，果形端正。果梗新鲜完整。果肉硬脆、香甜		
感官	色泽	单粒 90%以上的果面达黑紫色至蓝黑色。每一包装箱内的葡萄颜色应一致		
感官	有明显瑕疵的果粒（粒/kg）	≤2		
感官	有机械伤的果粒（粒/kg）	≤2		
感官	有二氧化硫伤害的果粒（粒/kg）	≤2		

（续）

项目名称		等级		
		一等	二等	三等
理化指标	果穗重（g）	400～800	＜400，＞800	＜400，＞800
	果粒大小（g）	5.0～8.0	＜5.0，＞8.0	＜5.0，＞8.0
	可溶性固形物（%）	≥18	≥17	＜17
	总酸（%）	≤0.5	≤0.55	＞0.55
	单宁（mg/kg）	≤1.1	≤1.3	＞1.3

注：明显瑕疵是指影响葡萄果实外观质量的果面缺陷，包括伤疤、日灼、裂果、药物及泥土污染等；机械伤是指影响葡萄果实外观的刺伤、碰伤和压伤等；二氧化硫伤害是指葡萄在贮存期间因高浓度二氧化硫产生的果皮漂白伤害。

表 8-3　我国阳光玫瑰葡萄果实质量等级

项目名称		等级		
		一等	二等	三等
感官	基本要求	果穗圆柱形、整齐、松紧适中，充分成熟。果面洁净，无异味，无非正常外来水分。果粒大小均匀，果形端正。果梗新鲜完整。果肉硬脆、香甜。具玫瑰香味		
	色泽	单粒90%以上的果面达黄绿色或绿色。每一包装箱内的葡萄颜色一致		
	有明显瑕疵的果粒（粒/kg）	≤2		
	有机械伤的果粒（粒/kg）	≤2		
	有二氧化硫伤害的果粒（粒/kg）	≤2		
理化指标	果穗重（g）	600～900	500～1 000	＜500，＞1 000
	果粒大小（g）	≥12	≥10	＜10
	可溶性固形物（%）	≥18	≥17	＜17
	总酸（%）	≤0.5	≤0.6	≤0.6

注：明显瑕疵是指影响葡萄果实外观质量的果面缺陷，包括伤疤、日灼、果锈、裂果、药物及泥土污染等；机械伤是指影响葡萄果实外观的刺伤、碰伤和压伤等；二氧化硫伤害是指葡萄在贮存期间因高浓度二氧化硫产生的果皮漂白伤害。

表 8-4 红地球葡萄果实质量等级（地方标准）

项目	等级			
	特级	一级	二级	三级
色泽	呈鲜红色，果粉全	呈鲜红色或深红色，果粉全		
果粒	每粒14g以上，光洁无斑，无病虫害痕迹，无机械损伤，果粒大小整齐匀称，呈圆形或卵圆形	每粒12～14g，光洁无斑，无病虫害痕迹，无机械损伤，果粒大小整齐匀称，呈圆形或卵圆形	每粒11～12g，光洁无斑，无病虫害痕迹，无机械损伤，果粒大小整齐匀称，呈圆形或卵圆形	粒重10g以上，粒形较一致，无病虫害痕迹，无机械损伤
穗重	550～850g，粒数为40～60粒	500～800g，粒数为40～60粒	450～750g，粒数为40～60粒	穗重在450g以下，粒数在40粒以下
果粒着色率(%)	≥96	≥94	≥92	≥90
穗形	圆锥形、圆柱形或自然松散形，穗长20～25cm			稍有不自然松散，穗长20～25cm
果肉	硬脆，味甜爽口，无异味			
可溶性固形物(%)	≥18.0	≥17.0	≥16.0	≥15.0
总酸量（%）	≤0.46	≤0.48	≤0.50	≤0.53
固酸比值	≥39.1	≥35.4	≥32.0	≥28.3

浙江省质量技术监督局（现浙江省市场监督管理局）发布了藤稔葡萄地方系列标准，将商品果按果实的外观和内在品质分为特级、一级和二级。基本标准为果实形状和外观均为圆锥形或圆柱形，穗形完整，无青粒果、小粒果和病虫果。特级、一级的色泽为紫红色，二级为紫红或鲜红色；特级、一级果穗重量大于500g，二级大于400g；特级果单粒重≥16g，可溶性固形物含量≥15%，一级果单粒重≥14g，可溶性固形物含量≥14%，二级果单粒重≥12g，可溶性固形物含量≥14%。

（二）包装

规范化的包装可以保证果品安全运输和贮藏，减少果实间摩擦、碰撞造成的机械损伤，使果品在流通中保持良好的稳定性，从而提高其经济效益。合理的包装有利于葡萄产品标准化，有利于仓储工作机械化操作和减轻劳动强度，有利于充分利用仓储空间和合理堆码。

1. 包装容器的选择

葡萄包装容器种类、规格、样式较多，应根据品种特性、市场需求及用途进行选择。但包装容器均应具备以下几个特点：具有良好的保护性能，在装卸、运输和堆放过程中具有足够的机械强度；具有一定的通透性，利于果实散热和气体交换，具有较好的防潮性能，防止吸水变形引起腐烂；要清洁、无污染、无有害化学物质、美观、重量轻、成本低、便于取材。目前市场上应用的葡萄包装容器主要有纸箱、木箱、硬质泡沫箱等，以纸箱应用最为广泛。板条箱、硬质塑料箱规格为5～10kg，纸箱规格为1～5kg。塑料泡沫箱保温、减震性能好，可用于运输或贮藏。目前，我国用于冷藏的葡萄通常采用无毒的塑料袋（保鲜袋）+防腐剂的贮藏形式，塑料薄膜主要有聚乙烯和无毒聚氯乙烯2种，厚度一般为0.03～0.05mm较为经济实用。

2. 包装方法

根据葡萄包装场所的不同可将葡萄包装分为田间包装和棚内包装。田间包装是包装人员在田间遮阴条件下对葡萄进行质量选择、整形和分选，并将葡萄包装后放入田间水果箱，然后直接装入集装箱。随后被运送至包装厂，根据客户要求贴标签、封膜或套袋。在田间进行包装能够减少葡萄与工人和机器的接触，完好保留果粒，减少损伤，方便满足不同客户的需求，成本也更低。如果将大量葡萄直接运至工厂，容易导致混乱，不利于工厂有序运营；棚内包装由采摘者收获葡萄并放在田间的采摘筐中，不对葡萄进行整形，采摘筐先放置在阴凉处然后运到棚子里，在棚内分发给包装者，由他们挑选、整形、包装、质量检查、称重。

包装过程中将果穗一穗穗挨紧摆实，以1～2层为宜，以不窜动为度，袋内上下各铺一层包装纸以便吸潮。要避免装箱过满或过少造成损伤。装量过大时，葡萄相互挤压，过少时葡萄在运输过程中相互碰撞。因此，装量要适度，每个包装箱内盛放同一级别果实，销售包装上应标明名称、产地、数量、生产日期、生产单位等内容。

贮藏或长途运输的果品，先将一个塑料袋放入箱内，把葡萄果穗整齐地摆放入袋内，做到紧密而不积压，装够重量以后，在箱角上放1～2片防腐保鲜剂，将塑料袋盖好并封箱，运往市场供鲜食销售或贮藏。如为外销，包装要求较为严格，一般多采用硬泡沫塑料压成的果箱。这种果箱体重轻、耐压、耐撞。要先在箱底放上2张衬纸，再放1层细木刨花条，木条粗约1cm，木料不能具有挥发性气味，装好葡萄后在上面放2层木刨花条，再铺2层衬纸，最后加盖封严。

三、运输与贮藏

（一）运输

装车、降温等是影响运输过程中产品质量的重要因素。超过3 000km的运输以空运为好，火车和轮船的运输周期不超过1周。飞机、轮船和火车运输装车需要注意装箱的高度和空隙，纸箱装箱高度不能超过8层，超过8层需要设置支架后再继续垒放。汽车运输为防止颠簸挤压，每层纸箱上加1层隔板作支撑，避免上下纸箱相互挤压。

葡萄呼吸散热容易导致腐烂，因此运输过程中需要注意温度调节。在运输前可先将葡萄放入冷库降温，在0～10℃下降温20h，待葡萄箱内温度降至1～2℃时，再迅速装载进运输工具，并在运输工具内放置冰块，使葡萄在运输途中保持10℃以下的温度。运输时间超过3d时，应每天加1次冰块。如有条件可采用带有制冷设备的运输工具，按照需要的温度进行调节。

（二）贮藏

1. 贮藏环境条件

葡萄市场销售供应时间短，难以满足人们的周年需求，而葡萄又易腐难贮，因此对贮藏技术要求较高。贮藏期要求贮藏温度保持在−1～0℃，低温能抑制呼吸强度进而延长贮藏期。贮藏环境空气相对湿度需保持在90%～95%，湿度过低会造成浆果和穗轴蒸腾失水，湿度过高会引起真菌病害发生。贮藏库内气体浓度保持2%～3%的氧气和2%～5%的二氧化碳，氧气浓度过高会促进葡萄果实呼吸强度进而缩短贮藏期。

2. 贮运设施消毒及预冷

贮运设施是贮藏过程中主要初侵染源之一。因此，在贮运葡萄前需要做好清扫、消毒和预冷工作。常用的杀菌剂及使用方法包括：采用CT高效库房消毒剂，使用时将袋内2小袋粉剂混匀，按照5g/m^3的使用量点燃，密闭熏蒸4h以上；喷洒2%的二氧化氯；将市售过氧乙酸消毒剂甲液和乙液混合配成0.5%～0.7%的溶液进行喷洒，或按照500mL/m^3用量分多点放置在贮藏库中；喷洒4%的漂白粉溶液。对于污染严重的老库房，按照1∶1质量比将高锰酸钾加入甲醛液体中，按1kg/m^2用量放置，迅速撤离并密闭库房48h以上。

在产品入贮前的2～3d进行降温处理，使库内温度达到要求的温度。葡萄采收后6h内进行预冷，预冷是采用风机循环冷空气，借助热传导来快速冷却空气的方法。根据冷空气的流速与产品接触情况分为冷藏间预冷、差压预冷和隧道预冷。冷藏间预冷是目前鲜食葡萄应用最普遍的预冷方式，冷空气通过与箱子长轴平行的通道排出。冷藏间预冷需要满足包装箱对齐、空气流速至少0.51m/s、向贮藏库通入低于1℃流速至少50m^3/h的冷气。北方地区晚秋采收的葡萄预冷时间在12～24h，南方地区的葡萄由于田间热量较多，一般需要达到24～72h预冷时间。差压预冷的冷空气必须从一面进入，穿过葡萄从另一面排出，空气流速一般4m/s，预冷时间能大大缩短至冷藏间预冷的 12.5%，大大提高了预冷效率。隧道预冷是将葡萄箱子放在传送带上通过 60～360m/min 流速冷空气隧道的预冷方式，隧道是由砖或金属板建成的狭长的长方体隔热房间。

3. 贮藏技术

冷库与防腐保鲜处理相结合的复合保鲜贮藏是较理想的贮藏方式。保鲜剂对于贮藏保鲜尤为重要。实践证明即使对温度、湿度和气体成分进行严格控制，在没有使用保鲜剂的情况下，葡萄腐烂程度仍然较高。常用的葡萄防腐保鲜处理方式包括添加防腐保鲜剂、二氧化硫气体熏蒸和组合药剂处理。防腐保鲜剂一般为含亚硫酸盐的保鲜片剂和颗粒剂，可通过田间包装时添加或冷库预冷后添加。二氧化硫气体熏蒸处理包括移动式和固定式可控二氧化硫气体处理设施。移动式主要用于田间采后进入市场销售的葡萄防腐处理；固定式用于冷藏葡萄，将不衬塑料膜的箱装葡萄在冷库中进行熏蒸。第 1 次以 0.5%～1%二氧化硫熏蒸处理 20min，以后每隔 7～8d 用 0.1%～0.5%二氧化硫熏蒸 20～30min，熏蒸结束后回收残留的二氧化硫。由于二氧化硫熏蒸具有时效性，因此可采用二氧化硫释放快慢不同的 CT5 和 CT2 组合，实现简易长期二氧化硫熏蒸。

参考文献 REFERENCES

陈履荣，1992. 现代葡萄栽培［M］. 上海：上海科学技术出版社.

段长青，2017. 中国现代农业产业可持续发展战略研究［M］. 北京：中国农业出版社.

房经贵，徐卫东，2019. 中国自育葡萄品种［M］. 北京：中国林业出版社.

康萍芝，张丽荣，2007. 种木霉菌对葡萄灰霉病菌的拮抗作用［J］. 中国农学通报，23（8）：392-395.

李艳红，石德杨，许玉良，等，2019. 水肥一体化技术在鲜食葡萄上的应用［J］. 落叶果树，51（2）：51-53.

刘凤之，段长青，2013. 葡萄生产配套技术手册［M］. 北京：中国农业出版社.

罗国光，2011. 葡萄整形修剪和设架［M］. 北京：中国农业出版社.

王忠跃，2009. 中国葡萄病虫害与综合防控技术［M］. 北京：中国农业出版社.

Dami I，Bordelon B，Ferree D C，et al，2005. Midwest grape production guide. The Ohio State University Extension Bulletin，919.

Moyer M M，Singer S D，Davenport J R，et al，2018. Vineyard Nutrient Management in Washington State. In：Washington State University Extension：1-45.

Peacock W L，Williams L E，Christensen L P，2000. Water management and irrigation scheduling. In：Christensen L P（ed）Raisin production manual. DANR Publications，University of California，Oakland：127-133.

图书在版编目（CIP）数据

葡萄新品种及配套技术/杜远鹏，翟建军，高振主编. —北京：中国农业出版社，2020.6
（果树新品种及配套技术丛书）
ISBN 978-7-109-26755-8

Ⅰ. ①葡… Ⅱ. ①杜… ②翟… ③高… Ⅲ. ①葡萄—品种 ②葡萄栽培 Ⅳ. ①S663.1

中国版本图书馆 CIP 数据核字（2020）第 084054 号

中国农业出版社出版
地址：北京市朝阳区麦子店街 18 号楼
邮编：100125
责任编辑：舒　薇　李　蕊　王琦瑢
文字编辑：齐向丽
版式设计：王　晨　　责任校对：周丽芳
印刷：中农印务有限公司
版次：2020 年 6 月第 1 版
印次：2020 年 6 月北京第 1 次印刷
发行：新华书店北京发行所
开本：880mm×1230mm　1/32
印张：4.75　　插页：4
字数：130 千字
定价：35.00 元
